·入职数据分析师系列·

对比Excel，轻松学习

SQL 数据分析

张俊红 著

电子工业出版社·

Publishing House of Electronics Industry

北京·BEIJING

内 容 简 介

本书是《对比 Excel，轻松学习 Python 数据分析》的姊妹篇，同样采用对比的方法，降低学习门槛，提高学习效率。全书分为 3 篇：第 1 篇主要介绍数据分析的基础知识，包括数据分析的基本概念、为什么要进行数据分析及常规的数据分析流程，使读者对数据分析有一个整体的认识；第 2 篇主要围绕数据分析的整个流程来介绍与 SQL 语法相关的知识，包括如何选取一列数据、如何对数据进行分组运算等基础知识，还包括窗口函数等进阶知识；第 3 篇主要介绍 SQL 数据分析实战，都是一些比较常规的业务场景实战。

本书适合零基础学习 SQL 的人员，包括数据分析师、产品经理、数据运营人员、市场营销人员、应届毕业生等所有需要利用 SQL 查询数据的人员。

图书在版编目（CIP）数据

对比 Excel，轻松学习 SQL 数据分析 / 张俊红著. —北京：电子工业出版社，2020.5

（入职数据分析师系列）

ISBN 978-7-121-39002-9

Ⅰ. ①对… Ⅱ. ①张… Ⅲ. ①SQL 语言 Ⅳ. ①TP311.132.3

中国版本图书馆 CIP 数据核字（2020）第 076350 号

责任编辑：张慧敏　　　　　　　特约编辑：田学清
印　　刷：涿州市般润文化传播有限公司
装　　订：涿州市般润文化传播有限公司
出版发行：电子工业出版社
　　　　　北京市海淀区万寿路 173 信箱　　　　　邮编：100036
开　　本：720×1000　　1/16　　印张：13.75　　字数：304 千字　　彩插：1
版　　次：2020 年 5 月第 1 版
印　　次：2025 年 4 月第 11 次印刷
定　　价：59.00 元

凡所购买电子工业出版社图书有缺损问题，请向购买书店调换。若书店售缺，请与本社发行部联系，联系及邮购电话：（010）88254888，88258888。

质量投诉请发邮件至 zlts@phei.com.cn，盗版侵权举报请发邮件到 dbqq@phei.com.cn。

本书咨询联系方式：010-51260888-819，faq@phei.com.cn。

前　言

为什么要写这本书

《对比 Excel，轻松学习 Python 数据分析》在出版后收到了不少读者和同行的评论，说写作角度很独特，对新手很友好，笔者印象最深刻的一条评论是："一本书的好坏足以影响一个人要不要继续在这条路上走下去。"如果能够让读者意识到学习这门知识并不难，并且愿意继续学下去，哪怕这本书不能让读者完全掌握这门技能，但是至少让读者有了走下去的信心，笔者觉得也是极好的。

基于以上原因，笔者重新审视了一下自己，又去看了看市面上与 SQL 相关的书，发现目前市面上与 SQL 相关的书主要有两类：一类是讲解基础知识的；另一类是讲解数据库底层知识的。专门面向数据分析师的 SQL 的书并没有。学过数据库的读者应该都知道，数据库的基本功能是增、删、改、查，做过数据分析工作的读者基本上也知道，数据分析师基本不需要进行增、删、改操作，只需要进行查操作。说到查，大部分人都会觉得很简单，不就是 select * from t 吗？select 本身没什么难度，随便在网上搜一篇教程或者找一本讲查询基础知识的书，一天基本就可以学会了。

但是为什么我们学会了 select，在面试或者刚参加工作接到一个需求的时候，还是不知道怎么用 select 呢？这是因为书里面讲的基础知识都是一步一步拆解完的，在实际工作中你需要进行组装，没有一个现成的表格让你 select 一下就出结果了，你需要进行各种各样的 join、group by 等操作，然后才能得到想要的结果。如何组装每一步操作才是利用 SQL 进行数据分析的难点。但这部分知识目前市面上的书中几乎都没有讲，所以，笔者决定再写一本读者呼声比较大的、与 SQL 相关的书——《对比 Excel，轻松学习 SQL 数据分析》。

为什么要学习 SQL

学习 SQL 的主要原因是工作需要。网上关于数据相关岗位的招聘都要求有熟练使用 SQL 这一条，为什么会这样呢？这是因为我们负责的是与数据相关的工作，而获取数据是我们工作的第一步，比如，你要通过数据做决策，但是现在公司的数据基本上不存储在本地 Excel 表中，而是存储在数据库中，想要从数据库中获取数据就需要使用 SQL，所以熟练使用 SQL 成了数据相关从业者入职的必要条件。

为什么要对比 Excel 学习 SQL

不知道读者还记不记得，上学的时候背元素周期表、背三角定理、背单词等，老师是不是教了很多顺口溜？

想一下为什么老师要教我们顺口溜，或者我们为什么要通过所谓的方法学习或记忆知识呢？笔者觉得所有的方法都是为了让我们的学习更有效率，更容易掌握所学的知识。

对比学习是一种学习方法，而且《对比 Excel，轻松学习 Python 数据分析》的读者对此方法反响很好，为了尽可能地降低读者的学习门槛，笔者打算继续沿用这种写作风格。

本书学习建议

本书的前半部分主要介绍 SQL 的一些基础知识，后半部分主要介绍实战，读者在学完前面基础知识以后对后面的实战部分一定要多看几遍，在看解析之前尽量先自己独立思考，如果现在让你做，你会怎么做？因为前面说过，学习 SQL 的难点在于思维，所以读者一定要重点通过后面的实战部分来锻炼自己的思维。

本书写了什么

全书分为 3 篇：第 1 篇主要介绍数据分析的基础知识，包括数据分析的基本概念、为什么要进行数据分析及常规的数据分析流程，使读者对数据分析有一个整体的认识；第 2 篇主要围绕数据分析的整个流程来介绍与 SQL 语法相关的知识，包括如何选取一列数据、如何对数据进行分组运算等基础知识，还包括窗口函数等进阶知识；第 3 篇主要介绍 SQL 数据分析实战，都是一些比较常规的业务场景实战。

本书读者对象

本书适合零基础学习 SQL 的人员，包括数据分析师、产品经理、数据运营人员、市场营销人员、应届毕业生等所有需要利用 SQL 查询数据的人员。

本书说明

　　本书的所有代码和函数均以 MySQL 8.0 为主，MySQL 的其他版本与 8.0 差不多，只是个别函数有差别，读者如果遇到其他版本与本版本不同的函数使用，可以上网查询。

　　关于本书用到的安装包、数据集等资源，读者可以关注公众号——俊红的数据分析之路（ID：zhangjunhong0428），或者扫描下方二维码，回复"SQL 随书资源"即可获取。

【读者服务】

微信扫码回复：（39002）

● 获取博文视点学院 20 元付费内容抵扣券
● 获取本书配套数据集和案例资源
● 获取本书作者与行业大咖对谈直播回放
● 获取更多技术专家分享视频与学习资源
● 加入读者交流群，与本书作者互动

目　录

入门篇

知识篇

实战篇

入门篇

本篇主要介绍数据分析的基础知识，包括数据分析的基本概念、为什么要进行数据分析及常规的数据分析流程，使读者对数据分析有一个整体的认识。

第1章

数据分析基础介绍

1.1 数据分析是什么

数据分析是指利用合适的工具在统计学理论的支撑下，对数据进行一定程度的预处理，然后结合具体业务分析数据，帮助公司相关业务部门监控、定位、分析、解决问题，从而提高业务部门的决策能力和经营效率，发现业务机会，让企业取得持续竞争优势。

1.2 为什么要进行数据分析

在做一件事情之前，我们首先需要弄清楚为什么要去做，或者做了这件事以后将产生什么好的效果，这样我们才能更好地坚持下去。

啤酒和尿布的话题读者应该都听说过吧？如果没有进行数据分析，相信人们是怎么也发现不了买尿布的人一般也会顺带去买啤酒，现在各大电商网站都会卖各种套餐，套餐搭配会大大提高客单价，从而提高公司盈利，这些套餐的搭配都是基于历史用户购买数据得出来的。如果没有进行数据分析，可能相关人员都不知道该怎么去搭配，或许更不知道可以把东西搭配销售。

谷歌曾经推出一款"谷歌流感预测"产品，这款产品能够很好地预测一些传染疾病的发生。这款产品预测的原理就是，某一段时间内某些关键词的检索量会异常高。谷歌的相关工作人员通过分析这些检索量高的关键词发现，这些关键词，比如咳嗽、头痛、发烧都是一些感冒/流感症状，当有大规模人去搜索这些关键词时，说明这个感冒非一般性感冒，极有可能是一场传染性的流感，这个时候就可以及时采取一些措施来预防流感的扩散。

虽然"谷歌流感预测"产品最终以失败告终，但是这款产品的整体思路是值得借鉴的。感兴趣的读者可以上网查一下关于这款产品的相关信息。

数据分析可以把隐藏在大量数据背后的信息提炼出来，总结出数据的内在规律，代替了以前那种拍脑袋、靠经验的做法，现在受到越来越多的企业的重视。在企业的日常经营分析中，数据分析有三大作用，即现状分析、原因分析、预测分析。

1.2.1 现状分析

现状分析可以告诉分析人员企业的业务在过去发生了什么，具体体现在以下两个方面。

第一，告诉分析人员企业现阶段的整体经营状况，通过各个关键指标的表现情况来衡量企业的经营状况，从而掌握企业目前的发展趋势。

第二，告诉分析人员企业各项业务的构成，通常企业的业务并不是单一的，而是由很多分支业务构成的，通过现状分析可以让分析人员了解企业各项分支业务的发展及变动情况，对企业经营状况有更深入的了解。

现状分析一般通过日常报表来实现，如日报、周报、月报等形式。

比如下面是×××公司 2020 年 1 月 1 日的一份数据日报，这份数据日报展示了这一天全国以及全国各分区的订单数、下单用户数和人均订单数指标。除了包含当日数据，还包含环比和同比指标。通过这份数据日报，我们就可以知道当日的订单数是增加了还是减少了，具体是哪些分区增加或减少了。这就是现状分析的一个简单案例。

×××公司2020年1月1日数据日报										
日期	区域	订单数			下单用户数			人均订单数		
		当日数据/单	环比/%	同比/%	当日数据/单	环比/%	同比/%	当日数据/单	环比/%	同比/%
2020年1月1日	全国	1008	14	-13	554	-8	35	1.82	24	-36
2020年1月1日	华北区	169	24	3	94	6	84	1.80	18	-44
2020年1月1日	东北区	107	-24	-31	52	-27	-24	2.06	4	-9
2020年1月1日	华中区	109	-8	-42	73	-17	43	1.49	11	-59
2020年1月1日	华东区	187	38	7	60	-29	5	3.12	95	2
2020年1月1日	华南区	141	24	-17	93	12	55	1.52	10	-46
2020年1月1日	西南区	179	74	11	89	-3	51	2.01	80	-26
2020年1月1日	西北区	116	-17	-24	93	-2	43	1.25	-15	-47

1.2.2 原因分析

原因分析可以告诉分析人员某一现状为什么会存在。

经过现状分析，分析人员对企业的经营情况有了基本了解，知道哪些指标呈上升趋势，哪些指标呈下降趋势，或者哪些业务做得好，哪些做得差。但是分析人员还不知道那些做得好的业务为什么会做得好，业务做得差的原因又是什么？找原因的过程就是原因分析。

原因分析的第一步一般是看转化漏斗，转化漏斗是指用户从进平台到最后下单所需要经历的各个转化过程。通过分析每个转化过程，就可以知道问题发生在哪个或者哪些过程中。

比如，下面这张图展示了一条广告从展示到用户点击、访问、咨询再到最后下单的过程，分析人员通过分析这些过程就可以找到最后订单数增加或减少的原因。

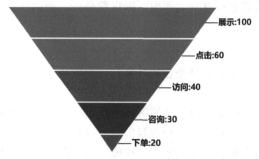

到这里结束了吗？还没有结束，通过转化漏斗我们只能知道某一过程有问题，但问题还不够明确，我们还需要继续进行细分，细分就是将整体分为各种维度。

比如我们发现订单数减少的原因是从展现到点击这个转化过程有问题，那么我们就可以看一下是 PC 渠道有问题还是移动渠道有问题，假设 PC 渠道有问题，那么我们还需要继续确认是 PC 渠道中的哪些渠道（平台）有问题，假设 D 渠道（平台）有问题，那么我们还需要确认到底是哪个样式有问题。

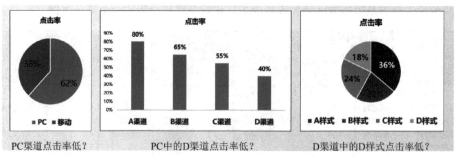

PC渠道点击率低？　　　　PC中的D渠道点击率低？　　　　D渠道中的D样式点击率低？

到这里结束了吗？还没有结束，我们还需要分析为什么这个渠道的这个样式会有问题，即影响点击率的因素有哪些。是广告排名比较靠后导致很多人看不到，还是投放地区和目标人群不匹配导致很多人没兴趣而不点击。到这里原因分析基本可以结束了。

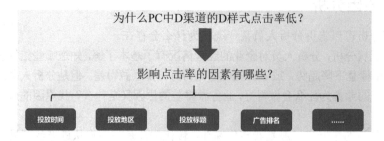

1.2.3　预测分析

预测分析可以告诉分析人员未来可能发生什么。

在了解了企业经营状况以后,分析人员有时还需要对企业未来的发展趋势做出预测,为制定企业经营目标及策略提供有效的参考与决策依据,以保证企业的可持续健康发展。

预测分析一般是通过专题分析来完成的,通常在制订企业季度、年度计划时进行。

例如,通过上述的原因分析,我们就可以有针对性地实施一些策略。比如,通过原因分析,我们得知在台风来临之际面包的销量会大增,那么在下次台风来临之前我们就应该多准备一些面包,同时为获得更多的销量进行一系列准备。

1.3 数据分析究竟在分析什么

数据分析的重点是分析,而不是使用什么工具,那么我们究竟该分析什么?主要可以从以下几个方面进行。

1.3.1 总体概览指标

总体概览指标又称为统计绝对数,是反映某一数据指标的整体规模大小、总量多少的指标。

比如当日销售额 60 万元、当日订单量 2 万单、购买人数 1.5 万人,这些都是一些总体概览指标,用来反映某个时间段内某项业务的某些指标的绝对量。

我们把经常关注的总体概览指标称为关键性指标,这些指标的数值将会直接决定公司的盈利情况。

1.3.2 对比性指标

对比性指标是说明现象之间数量对比关系的指标,常见的就是同比、环比、差指标。

同比是相邻时间段内某一共同时间点内指标的对比,环比是相邻时间段内指标的对比,差是两个时间段内的指标直接做差,差的绝对值是两个时间段内指标的变化量。

同比的计算公式如下:

$$同比 = \frac{本期数据 - 同期数据}{同期数据} = \frac{本期数据}{同期数据} - 1$$

环比的计算公式如下:

$$环比 = \frac{本期数据 - 相邻期数据}{相邻期数据} = \frac{本期数据}{相邻期数据} - 1$$

比如,当日与昨天、本周与上周、本月与上月比较都是环比;当日与上周同期、本周与上月同期、本月与去年同期比较都是同比。

1.3.3　集中趋势指标

集中趋势指标是用来反映某一现象在一定时间段内所达到的一般水平。用平均指标来表示，比如，平均工资水平、平均年龄、平均房价等。平均指标分为数值平均和位置平均。

数值平均是统计数列中所有变量值平均的结果，有普通平均数和加权平均数两种。

位置平均基于某种特殊位置或者普遍出现的标志值作为整体一般水平的代表值，有众数、中位数两种。

众数是研究总体中出现次数最多的变量值，它是总体中最普遍的值，因此，可以用来代表一般水平。如果数据可以分为多组，则为每组找出一个众数。需要注意的是，众数只有在总体内单位充分多时才有意义。

中位数是指将总体中各单位标志值按大小顺序进行排列，处于中间位置的变量值就是中位数。因为处于中间位置，有一半变量值大于该值，有一半变量值小于该值，所以可以用这样的中等水平来表示整体的一般水平。

1.3.4　离散程度指标

离散程度指标是用来表示总体分布的离散（波动）情况的指标，如果这个指标较大，则说明数据波动比较大，反之则说明数据相对比较稳定。

全距（又称极差）、方差、标准差等几个指标用来衡量数值的离散情况。

全距（极差）：通过平均数可以知道某一指标的集中趋势，但是无法知道数据的变动情况。比如，网上报道×××公司员工的平均月薪为 7 万元，这个 7 万元是什么意思呢？是大多数员工的工资是 7 万元左右，还是少数几个高管的工资特别高，导致平均值特别高呢？如果单从平均值看是无法获取更多信息的。所以引入了全距，全距的计算方法是用数据集中的最大数（上界）减去数据集中的最小数（下界）。

全距存在如下两个问题。

（1）容易受异常值影响。

（2）全距只表示了数据的宽度，但是没有描述清楚数据上下界之间的分布形态。

对问题（1），我们引入四分位数的概念。四分位数将一些数值从小到大排列，然后一分为四，最小的四分位数为下四分位数，最大的四分位数为上四分位数，中间的四分位数为中位数。

对问题（2），我们引入了方差和标准差两个概念来度量数据的分散性。

方差是每个数值与平均值距离的平方的平均值，方差越小说明各数值与平均值之间的差距越小，数值越稳定。方差的计算公式如下：

$$\sigma^2 = \frac{\sum (X - \mu)^2}{N}$$

式中，X 为一组数据中的每个值，μ 为总体平均值，N 为总体数值个数。

标准差是方差的开方。表示数值与平均值距离的平均值。读者可能会想有方差了为什么还要使用标准差呢？因为标准差与实际指标的单位是一致的，更具有实际意义。比如，我们要衡量某城市的工资收入波动情况，实际的工资都是以元为单位的，标准差也是以元为单位的，表示在多少元的范围内波动。但是，如果用方差，元的平方就没有实际意义了。

1.3.5　相关性指标

上面提到的几个维度是对数据整体的情况进行描述的，但是我们有时候想看一下数据整体内的变量之间存在什么关系，一个变量变化时会引起另一个变量怎样的变化，我们把用来反映这种关系的指标称为相关系数，常用字母 r 来表示：

$$r(X,Y) = \frac{\mathrm{Cov}(X,Y)}{\sqrt{\mathrm{Var}[X]\mathrm{Var}[Y]}}$$

式中，$\mathrm{Cov}(X,Y)$ 为 X 与 Y 的协方差，$\mathrm{Var}[X]$ 为 X 的方差，$\mathrm{Var}[Y]$ 为 Y 的方差。

关于相关系数需要注意以下几点：

- r 的范围为[-1,1]；
- r 的绝对值越大，表示相关性越强；
- r 的正负代表相关性方向，正代表正相关，负代表负相关。

1.3.6　相关与因果

相关关系不等于因果关系，相关只能说明两件事情有关联，而因果关系，是说明一件事情导致了另一件事情的发生。读者不要把这两个关系混淆。

比如，啤酒和尿布是具有相关关系的，但是，它们不具有因果关系。而流感疾病和关键词检索量上涨是具有因果关系的。

1.4　数据分析的常规分析流程

我们再来回顾一下数据分析的概念，数据分析是指分析人员借助合适的工具帮助公司发现数据背后隐藏的信息，对这些隐藏的信息进行挖掘，然后帮助公司改善其业务发展。基于此，数据分析主要分为以下几个流程。

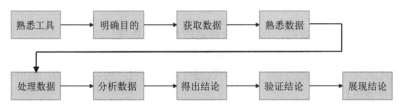

1.4.1　熟悉工具

数据分析的第一步就是熟悉工具，俗话说得好，"工欲善其事，必先利其器"。同样地，只有对工具掌握得足够熟练，才能更好地处理数据、分析数据。

1.4.2　明确目的

做任何事情都需要明确目的，数据分析也一样，首先我们要明确数据分析的目的，即希望通过数据分析得出什么结果。比如，希望通过数据分析找出流失用户都有哪些特征、销量上涨/下滑的原因。

1.4.3　获取数据

明确了目标以后我们就要获取数据，在获取数据之前还需要明确以下几点：
- 需要获取什么指标；
- 需要获取什么时间段的数据；
- 这些数据都存放在哪个数据库、哪张表中；
- 如何获取数据，是自己写 SQL 代码还是可以直接从公司 ERP 系统中下载。

1.4.4　熟悉数据

获取数据以后，我们需要熟悉数据，熟悉数据就是看一下有多少数据，这些数据都是什么类型的，是类别型还是数值型的，每个指标大概都有哪些值，这些数据是否能够满足我们的需求，如果不能，那么还需要获取哪些数据。

获取数据和熟悉数据是一个双向进行的过程，而且贯穿在整个数据分析过程中。

1.4.5　处理数据

我们获取到的数据是原始数据，这些数据中一般都会有一些特殊数据的存在，所以我们需要对这些数据进行预处理，常见的特殊数据主要有以下几种：
- 异常数据；
- 重复数据；
- 缺失数据；
- 测试数据。

对重复数据、测试数据，我们一般都是进行删除处理。

如果缺失数据的缺失比例高于 30%，我们会选择放弃这个指标，即进行删除处理；而对缺失比例低于 30%的指标，我们一般进行填充处理，可以使用 0，也可以使用平均值、众数等进行填充。

对异常数据，我们需要结合具体业务进行处理，如果读者是一个电商平台的数据分析师，要分析并找出平台上的刷单商户，这个时候异常值是读者要重点研究的对象，假如要分析用户的年龄，那么小于 0 的数据就要删除。

1.4.6　分析数据

分析数据主要围绕前面几个数据分析指标进行，在分析过程中采取的一种方法就是下钻法，比如，我们发现某一天的销量突然上涨/下滑，那么我们会去看是哪个地区的销量出现上涨/下滑，进而再看是哪个品类、哪个产品的销量出现上涨/下滑，这样层层下钻，最后找到问题发生的真正原因。

1.4.7　得出结论

通过对数据进行分析，我们就可以得出结论。

1.4.8　验证结论

有时候看到的不一定是对的，即通过分析数据得出的结论不一定正确，所以需要和实际业务相联系，验证得出的结论是否正确。

比如，你在进行新媒体的数据分析，通过分析发现情感类的文章更容易引起读者共鸣，点赞量、转发量更高，这只是你的分析结论，然后你需要验证你的结论是否正确，这时你可以再写几篇情感类文章来验证，看是否点赞量和转发量更高。

1.4.9　展现结论

我们在分析出结论，并且结论得到验证以后就可以把该结论拿给相关人员去看，你的领导或者业务人员就需要考虑如何展现结果，以什么样的形式展现，即数据可视化。

1.5　数据分析工具

1.5.1　Excel 与 SQL

一般的数据分析都是围绕常规数据分析流程进行的，在这个流程中，我们需要选择合适的工具对数据进行分析。

如果读者对数据库有一些了解，可能觉得数据库是用来存储数据的，而 Excel 可能是用来进行数据处理的。这两个怎么区分呢？

数据库本身是存储数据的，这个是没有问题的，但是存储的数据一般都是明细类的，或者是杂乱的数据，我们在从数据库获取数据的时候需要对数据进行一系列处理，最后得到我们真正需要的结果数据。

Excel 是用来进行数据处理的，这个也是没有问题的，比如，我们在 Excel 表中对某一列去除重复值，对某两列相加减，这些都是属于数据处理。但是在数据处理之前，Excel 中的数据其实也是存储在 Excel 这个数据库中的。我们可以把一个 Excel 工作簿本身当作一个数据库，一个 Excel 工作簿会包含多个 Sheet，一个 Sheet 对应数据库中的一张表，而一个数据库也会包含多张表。

在对数据进行处理之前，数据库和 Excel 都是用来存储数据的，只不过现在很多互联网公司的数据量太大，使用本地的 Excel 存储数据已经不能满足日常业务需求，所以数据一般都会存储在数据库中。但是本质原理还是一样的。

在平时工作中，我们一般从数据库中获取数据，对数据进行一些处理变换以后导出到本地，然后在 Excel 或 Python 中进行进一步处理。

1.5.2　SQL 与 Python

虽然 SQL 可以实现我们在数据分析过程中需要的大部分操作，但是有些操作在 SQL 中实现起来还是比较烦琐的，这个时候我们就可以使用 SQL 将数据提取出来，然后导入 Python 中进行处理。

当然，也可以直接用 Python 连接 SQL，这就省去了导出数据到本地这个过程了，但是一般公司出于安全考虑，是不会直接用 Python 去连接数据库的。

知识篇

本篇主要围绕数据分析的整个流程来介绍与 SQL 语法相关的知识，包括如何选取一列数据、如何对数据进行分组运算等基础知识，还包括窗口函数等进阶知识。

第2章

数据库基础知识

2.1 数据库的发展及组成

2.1.1 数据库的发展

我们先来看一下数据库的概念：数据库是以一定方式储存在一起、能与多个用户共享、具有尽可能小的冗余度、与应用程序彼此独立的数据集合，可视为电子化的文件柜——存储电子文件的处所，用户可以对数据库中的数据进行新增、查询、更新、删除等操作。

总结一下，其实数据库就是用来存储数据的一个仓库，用户可以对存放在这个仓库中的数据进行一系列修改，这个修改就包括新增，即往这个仓库中增加数据；查询，即从这个仓库取数据；更新，即修改这个仓库中的数据；删除，即把这个仓库中的数据删除。

不知道读者有没有记账的习惯，在很久以前，计算机和手机都没有普及的时候，我们一般是用笔在记账本上记录，那个时候记账本就是一个数据库，一条条交易流水就是数据；后来我们开始使用 Excel 代替纸质的记账本记账，这个时候 Excel 就是一个数据库；再到现在有很多专门用来记账的软件，通过这些软件记账，用户在和这些软件进行交互的时候，其实是在与这些软件背后的数据库进行交互，只不过这些软件把用户在手机上的点选操作转换成了对应的数据库操作，比如，用户在软件中新增了一条支出记录，软件的后台也会在数据库中插入一条新的记录。

纸质版数据库

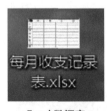

Excel 数据库

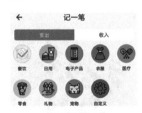

软件数据库

数据库并不是多么高大上的东西，它一直在我们身边，而且我们一直在使用，只不过不同时期数据库表现的形式不太一样。

2.1.2 数据库的组成

先来介绍第一个概念，数据库管理系统（DBMS），字面意思就是对数据库进行管理的一个系统。这个系统负责建立、使用和维护数据库，对数据库进行统一的管理和控制，以保证数据库的安全性和完整性。读者可能会有疑问，有数据库可以用来存放数据就行了，为什么还要有一个管理系统。我们说过，数据库就是一个仓库，那么数据库管理系统就相当于一个仓库管理员，如果没有管理员对仓库进行管理，那么仓库中的东西可以随意进出、随意摆放，这样这个仓库岂不是很乱，所以需要有一个管理员对仓库进行统一的管理。

一个数据库中包含若干张数据表，一个数据库相当于 Excel 的一个工作簿，一个工作簿包含若干个 Sheet，这些 Sheet 相当于数据库中的若干张表。

每张数据表中包含若干个数据。数据又可以被分为结构化数据和非结构化数据，在接下来的章节将具体介绍。

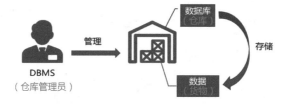

2.2 SQL 是什么

SQL 是 Structured Query Language 的缩写，翻译过来就是结构化查询语言，顾名思义就是对结构化数据进行查询的一种语言。我们知道，大自然的事物几乎都是成对出现的，有结构化查询语言，则也有非结构化查询语言（No SQL）。那么什么是结构化数据，什么又是非结构化数据呢？

对于结构化数据，读者在工作中应该会经常接触，Excel 表中的数据就是最典型的一种结构化数据，我们把类似于 Excel 中这种有行有列的二维数据称为结构化数据，结构化数据是有固定结构的。用来存储结构化数据的数据库称为关系型数据库。如下所示的这种规整的数据就是结构化数据。

学号	姓名	班级	性别	排名
G001	聂明杰	一班	男	1
G002	黄雨蓉	一班	女	2
G003	袁正诚	一班	男	3
G004	景悦可	一班	女	4

　　而那些不适合用行和列的形式来存储的数据称为非结构化数据，非结构化数据是没有固定结构的，比如，一个 Word 文档、一个 HTML 文档、一张图片这样的数据信息。用来存储非结构化数据的数据库称为非关系型数据库。下图展示的是一个网站的代码，这就是一种非结构化数据。

```html
<!DOCTYPE html>
<html lang="en" class="svg no-js">
<head>
    <meta charset="utf-8" />
    <!--[if IE ]>
    <meta http-equiv="X-UA-Compatible" content="IE=Edge,chrome=1" />
    <![endif]-->
    <meta name="viewport" content="width=device-width, initial-scale=1.0">
        <meta name="country" content="United States">
        <meta name="Language" content="en">

    <title>MySQL</title>
    <link rel="stylesheet" media="all" href="https://labs.mysql.com/common/css/main-20190903.min.css" />
        <link rel="stylesheet" media="all" href="https://labs.mysql.com/common/css/page-20190903.min.css" />


    <link rel="stylesheet" media="print" href="https://labs.mysql.com/common/css/print-20190903.min.css" />

        <style>
            #fp-banner1 { background: url('https://labs.mysql.com/common/themes/sakila/banners/b1280-mysql-oow-2017-back.jpg') repeat-x top; }
            #fp-banner-image1 { background: url('https://labs.mysql.com/common/themes/sakila/banners/b1280-mysql-oow-2019.en.jpg') no-repeat; }
            #fp-banner-image1 .link-960 { left: 390px; top: 123px; width: 174px; height: 42px; }
            #fp-banner-image1 .link-640 { left: 260px; top: 82px; width: 116px; height: 28px; }
            #fp-banner-image1 .link-320 { left: 96px; top: 255px; width: 151px; height: 36px; }
            #fp-banner-image2 { background: url('https://labs.mysql.com/common/themes/sakila/banners/b1280-blue-gradient-background.jpg') repeat-x top; }
            #fp-banner-image2 { background: url('https://labs.mysql.com/common/themes/sakila/banners/b1280-mysql-ee-generic2.en.jpg') no-repeat; }
            #fp-banner-image2 .link-960 { left: 340px; top: 231px; width: 156px; height: 42px; }
            #fp-banner-image2 .link-640 { left: 226px; top: 154px; width: 103px; height: 28px; }
            #fp-banner-image2 .link-320 { left: 93px; top: 260px; width: 134px; height: 32px; }
            #fp-banner-image3 { background: url('https://labs.mysql.com/common/themes/sakila/banners/b1280-grey-gradient-background.jpg') repeat-x top; }
            #fp-banner-image3 { background: url('https://labs.mysql.com/common/themes/sakila/banners/b1280-mysql-8-2x.en.jpg') no-repeat; }
            #fp-banner-image3 .link-960 { left: 602px; top: 211px; width: 153px; height: 39px; }
            #fp-banner-image3 .link-640 { left: 401px; top: 141px; width: 103px; height: 26px; }
            #fp-banner-image3 .link-320 { left: 103px; top: 269px; width: 113px; height: 32px; }
            #fp-banner-image4 { background: url('https://labs.mysql.com/common/themes/sakila/banners/b1280-mysql-8-ads.en.jpg') no-repeat; }
            #fp-banner-image4 .link-960 { left: 468px; top: 135px; width: 153px; height: 39px; }
            #fp-banner-image4 .link-640 { left: 312px; top: 155px; width: 102px; height: 28px; }
            #fp-banner-image4 .link-320 { left: 103px; top: 269px; width: 113px; height: 32px; }
            #fp-banner-image5 { background: url('https://labs.mysql.com/common/themes/sakila/banners/b1280-mysql-cloud-service-back.jpg') repeat-x top; }
            #fp-banner-image5 { background: url('https://labs.mysql.com/common/themes/sakila/banners/b1280-mysql-cloud-service.en.jpg') no-repeat; }
            #fp-banner-image5 .link-960 { left: 451px; top: 183px; width: 176px; height: 42px; }
            #fp-banner-image5 .link-640 { left: 300px; top: 122px; width: 117px; height: 28px; }
            #fp-banner-image5 .link-320 { left: 85px; top: 258px; width: 134px; height: 32px; }
            @media
            only screen and (-webkit-min-device-pixel-ratio: 1.25),
            only screen and (   min-moz-device-pixel-ratio: 1.25),
            only screen and (     -o-min-device-pixel-ratio: 5/4),
            only screen and (        min-device-pixel-ratio: 1.25),
            only screen and (                min-resolution: 120dpi),
            only screen and (                min-resolution: 1.25dppx) {
            #fp-banner1 { background: url('https://labs.mysql.com/common/themes/sakila/banners/b2560-mysql-oow-2017-back.jpg') repeat-x top; }
            #fp-banner-image1 { background: url('https://labs.mysql.com/common/themes/sakila/banners/b2560-mysql-oow-2019.en.jpg') no-repeat; }
            #fp-banner-image2 { background: url('https://labs.mysql.com/common/themes/sakila/banners/b2560-blue-gradient-background.jpg') repeat-x top; }
            #fp-banner-image2 { background: url('https://labs.mysql.com/common/themes/sakila/banners/b2560-mysql-ee-generic2.en.jpg') no-repeat; }
            #fp-banner-image3 { background: url('https://labs.mysql.com/common/themes/sakila/banners/b2560-grey-gradient-background.jpg') repeat-x top; }
            #fp-banner-image3 { background: url('https://labs.mysql.com/common/themes/sakila/banners/b2560-mysql-8-ads.en.jpg') no-repeat; }
            #fp-banner-image4 { background: url('https://labs.mysql.com/common/themes/sakila/banners/b2560-grey-gradient-background.jpg') repeat-x top; }
            #fp-banner5 { background: url('https://labs.mysql.com/common/themes/sakila/banners/b2560-mysql-cloud-service-back.jpg') repeat-x top; }
            #fp-banner-image5 { background: url('https://labs.mysql.com/common/themes/sakila/banners/b2560-mysql-cloud-service.en.jpg') no-repeat; }
        </style>
```

　　SQL 和 No SQL 都是一种语言，这两种语言分别定义了用户与关系型数据库和非关系型数据库交互时应该遵守的规则或者标准。交互主要包括向数据库中增加数据、删除数据、查找数据、修改数据等行为。

　　我们在平时的数据分析中主要以分析结构化数据为主，本书的讲解也主要围绕结构化数据展开，在没有特殊说明的情况下，默认均为结构化数据的操作。

　　总结一下数据、数据库、SQL 三者的关系：我们把数据存储在数据库中，然后利用特定的规则，即 SQL，围绕数据与数据库进行交互。这就像我们把钱存在银行，然后需要用特定的规则（密码）围绕钱与银行进行交互一样，只不过这里面的交互一般指存钱或取钱。

2.3　SQL 的基本功能

　　SQL 是一种语言，其主要有以下几个方面的功能。

2.3.1　数据定义

数据定义一般简称为 DDL，是 Data Definition Language 的缩写，数据定义中包含三个行为关键词：创建（Create）、删除（Drop）、修改（Alter）。这三个行为关键词主要作用于数据库、表、视图、索引等对象。通过 DDL 可以达到创建、删除、修改数据库、表、视图、索引的目的。

2.3.2　数据操纵

数据操纵一般简称为 DML，是 Data Manipulation Language 的缩写，数据操纵中包含四个行为关键词：查询（Select）、插入（Insert）、更新（Update）、删除（Delete）。这四个行为关键词主要作用于表。通过 DML 可以对表中的数据进行查询、插入、更新、删除操作。其中，查询是我们在数据分析工作中常用的操作。

2.3.3　数据控制

数据控制一般简称为 DCL，是 Data Control Language 的缩写，数据控制包含两个行为关键词：赋予权限（Grant）、取消权限（Revoke）。这两个行为关键词主要作用于表和列。通过 DCL 可以赋予或取消某个用户对某张表或某列的 DML 权限，可以赋予整张表的权限，也可以只赋予某些列的权限；可以赋予 DML 中的全部操作权限，也可以只赋予 DML 中的部分操作权限。在数据分析工作中，一般只有查询权限。

2.4　SQL 查询的处理步骤

在 2.3 节中我们学习了 SQL 的几种功能，但我们在数据分析过程中，主要使用的是 DML 中的查询，接下来我们就看一下运行一条 SQL 语句会经过哪些步骤。主要包含四个步骤：查询分析、查询检查、查询优化和查询执行。

2.4.1　查询分析

第一步就是查询分析，首先扫描全部的 SQL 语句，然后进行词法和语法分析，所谓的词法和语法分析，就是判断查询语句是否符合 SQL 语法规则，比如，查询的列名与列名之间是否有逗号分隔，如果不符合语法规则，查询则会停止，并显示出具体的语法错误；如果符合语法规则，则进入下一步。

2.4.2　查询检查

第二步是查询检查，这一步主要是对经过第一步分析的查询语句进行语义检查，所谓的语义检查，就是根据数据字典判断查询语句中涉及的数据库、数据表、列等信息是否存在，如果不存在，查询则会停止，显示出具体错误；如果全部存在，则进入下一步。

2.4.3　查询优化

每个查询语句都会有多种执行策略，查询优化就是根据具体情况选择一个效率最高的执行策略，具体是怎么选择的，读者可以先忽略，只需要知道数据库会执行这个步骤即可。

2.4.4　查询执行

最后一步就是对经过前面三个步骤以后得到的查询语句进行执行，并对查询结果进行返回。

关于本节内容，读者有一个了解即可，当看到一个语法报错的时候，知道这是在进行查询分析；当看到报错说某某列不存在的时候，知道这是在进行查询检查就可以了。

2.5　不同数据库的比较

目前市面上主流的数据库有 MySQL、SQL Server、Oracle、DB2 等。

MySQL 是目前十分受欢迎的，也是比较主流的一个数据库。本书的内容都是以 MySQL 为例进行讲解的。

SQL Server 是微软开发的一个数据库，优势在于与自己的产品交互比较好，比如，和 Office 套件的交互。

Oracle 中文名是甲骨文，是数据库领域的引领者，目前 MySQL 已经被 Oracle 收购。

DB2 是 IBM 开发的一台数据库服务器，主要面向的目标用户是企业。

除了上面提到的，还有一个目前在各大公司也比较常见的就是 Hive SQL，Hive 是基于 Hadoop 构建的一套数据仓库分析系统，与 MySQL 的语法基本一致，是为了让会写 SQL 的非开发人员也可以使用 Hadoop 进行数据处理。Hadoop 是一种分布式处理架构，通俗地说，就是同一件事情可以同时分给不同的人处理。使用这种架构，可以大幅提高程序运行效率。

关于不同数据库之间的差异，读者有一个大概了解即可，不同数据库的核心特点不太一样，但是语法大同小异。因为数据分析师一般都是在公司现有的数据库上进行数据查询，也就是选择用什么样的数据库一般不由数据分析师决定，会有专门负责数据仓库的人员。

第 3 章

数据库工具准备

3.1 认识 MySQL 官方网站

本书使用的是 MySQL，MySQL 是一个比较典型、常用的数据库。本节带读者认识一下 MySQL 官方网站。MySQL 官方网站的地址为 https://www.mysql.com。下图所示为 MySQL 官方网站的首页。

将首页一直拖到最下面，会看到语言选项，我们可以把语言设置为中文。

将语言设置为中文以后，界面就会以中文进行展示。

选择"产品"可以看到 MySQL 的不同版本，MySQL 社区版是免费且开源的，可以供用户无偿使用，其他版本是针对企业用户的，需要购买。

选择"文档"，打开关于各种产品的一些文档介绍界面，用户可以选择相关信息进行了解。

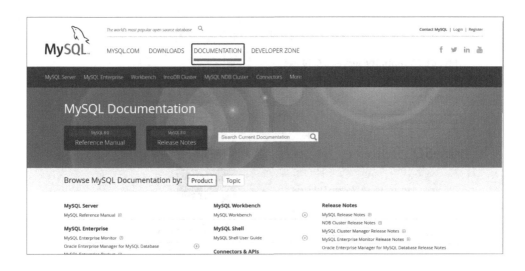

3.2　MySQL 的下载与安装

3.2.1　基于 Windows 的下载与安装

Step1：打开 MySQL 官方网站，单击"下载 MySQL 社区版"，进入下载界面。

Step2：首先在"Select Operating System:"下拉列表中选择"Microsoft Windows"选项，然后单击"Go to Download Page"按钮，该界面的 MySQL 版本默认是最新的，用户还可以根据需要单击"Looking for previous GA versions?"查看历史版本。

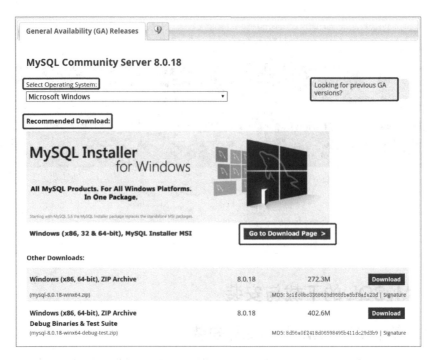

Step3：单击 415.1M 版本对应的"Download"按钮，该版本会把安装所需要的安装包都提前下载好。

Step4：下图所示界面是登录或注册 MySQL 账号，有兴趣的读者可以注册一个账号，也可以直接单击左下角的"No thanks, just start my download."。

Step5：这个时候会弹出"另存为"对话框让用户选择安装包保存的路径。

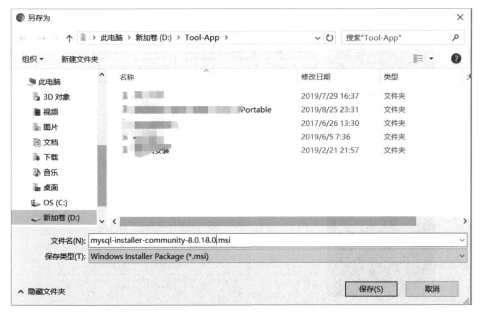

Step6：安装包下载完成以后，双击打开，默认选择第一个安装类型即可，然后单击"Next"按钮。

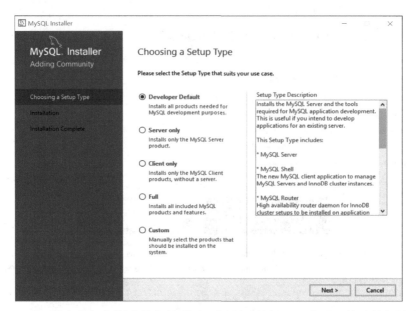

Step7：如果读者在安装过程中遇到了下图所示的提示，说明目前计算机缺少一些必要的环境支持，需要安装对应的 Visual Studio 版本，关于如何安装，读者可查看 16.2.1 节的介绍。

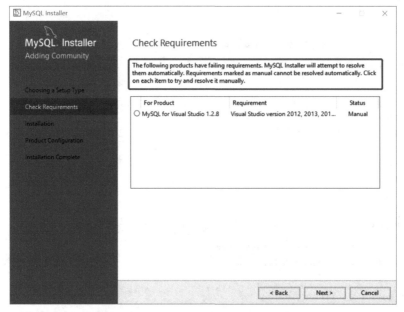

Step8：如果读者没有遇到上图所示的提示，则可直接进入下图所示的界面，单击"Execute"（执行）按钮开始安装。

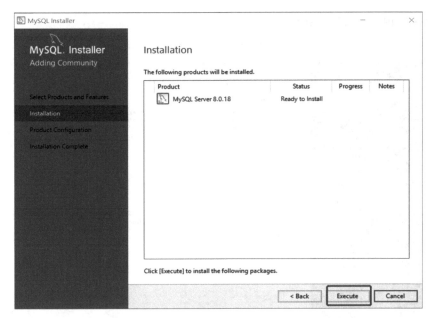

Step9：直接单击"Next"按钮进入下一步。

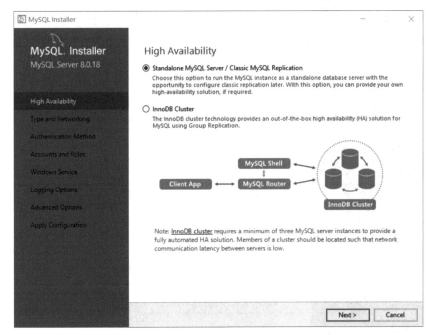

Step10：如果"Next"按钮不是灰色的，则直接单击"Next"按钮进入下一步；如果"Next"按钮是灰色不可用的，则可以把"Port"文本框中的"3306"改成别的值，比如"3308"，然后单击"Next"按钮进入下一步。这一般都是之前计算机上安

装过 MySQL，没有卸载完成导致的。

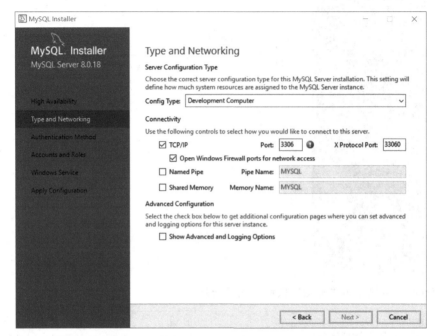

Step11：直接单击"Next"按钮进入下一步。

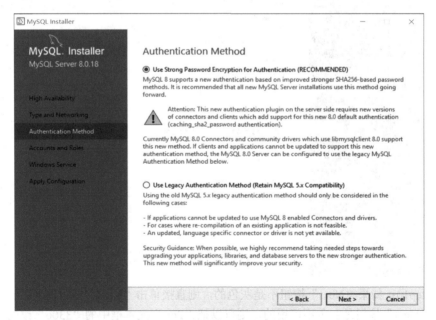

Step12：输入密码，然后单击"Next"按钮进入下一步，这个密码需要记住，之后登录 MySQL 服务会用到。

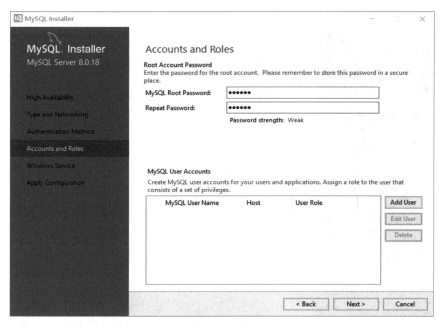

Step13：直接单击"Next"按钮进入下一步。

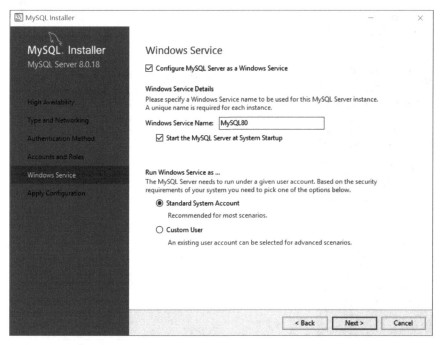

Step14：单击"Execute"按钮。

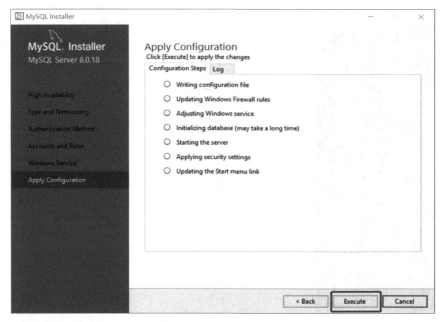

Step15：直接单击"Next"按钮进入下一步。

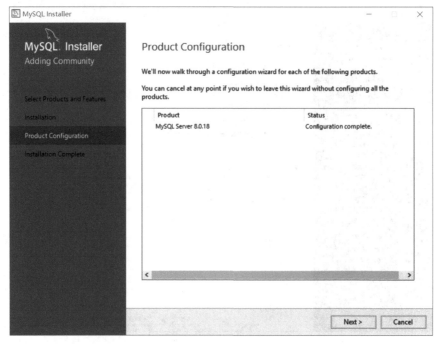

Step16：单击"Finish"按钮完成安装。

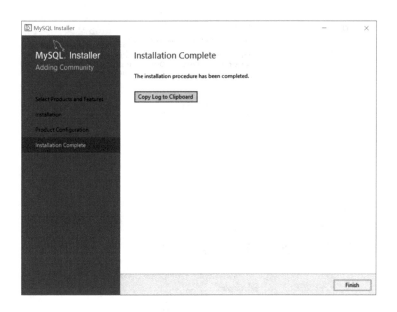

3.2.2　基于 macOS 的下载与安装

基于 macOS 的安装流程与基于 Windows 的安装流程略有差异，在下载安装包时选择 macOS。

Step1：下载安装包，选择"DMG Archive"格式，这种格式安装比较方便，下载好以后直接双击即可。"Compressed TAR Archive"格式是源码安装，比较适合于专业的程序员；"TAR"格式是压缩包的形式，下载好以后需要解压。

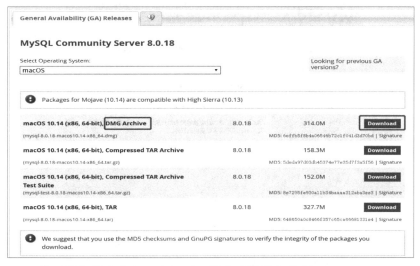

Step2：将下载好的安装包双击打开，单击"继续"按钮。

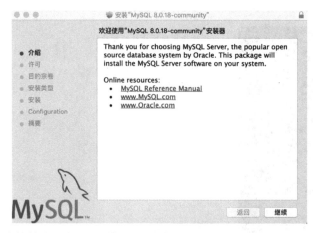

Step3：阅读软件许可协议，单击"继续"按钮。

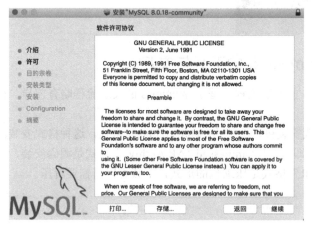

Step4：选择安装类型，直接默认即可，然后单击"安装"按钮。

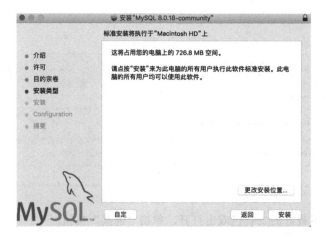

Step5：配置相关设置，默认选择第一个，单击"Next"按钮。

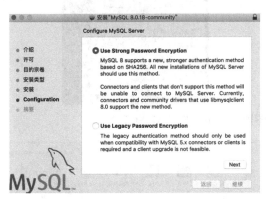

Step6：输入密码，至少 8 位字符，而且是字母和数字混合的形式，记住这个密码，之后登录 MySQL 服务的时候会用到。

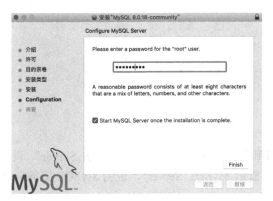

Step7：单击"Finish"按钮，等待安装完成，然后单击"关闭"按钮。

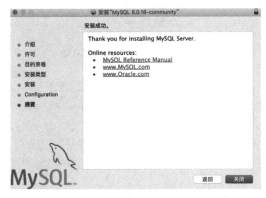

Step8：安装完成以后需要启动计算机中的 MySQL 服务，进入计算机的系统偏好设置中。

Step9：双击下图所示左下角的"MySQL"①。

Step10：如果看到该界面显示的是"Stop MySQL Server"，说明 MySQL 服务已启动；如果显示的是"Start MySQL Server"，说明 MySQL 服务未启动，单击"启动"按钮即可。

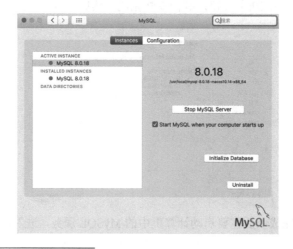

① "系统偏好设置"界面中的"互联网帐户"的正确写法应为"互联网账户"。

Step11：打开终端。

Step12：在终端中输入命令"mysql -u root -p"，如果直接出现输入密码的界面，输入即可；如果出现了"command not found"，则说明没有配置好相应的环境变量，需要继续执行下面的步骤。

输入命令"cd /usr/local/mysql"，需要注意的是，"cd"后面是有空格的，输入完成以后按回车键。

再次输入命令"sudo vim .bash_profile"。同样地，"vim"后面也有空格，输入完成以后按回车键。

输入密码，这里的密码为计算机的开机密码。

具体执行过程如下图所示。

Step13：完成上一步操作以后就会跳转到如下所示的界面。

Step14：按 I 键，就会变成插入状态，即在最下方显示出"-- INSERT --"符号，我们在"--INSERT--"符号上面输入命令"export PATH=${PATH}:/usr/local/mysql/bin"。

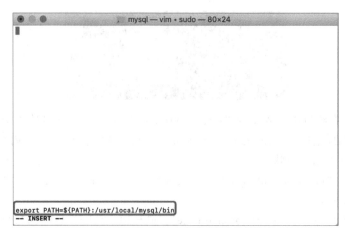

Step15：按 Esc 键退出插入状态。

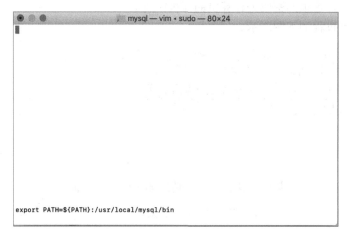

Step16：按 Shift+Z+Z 快捷键（先按 Shift 键，然后按两次 Z 键）对上面插入的内容进行保存，并跳转到如下所示的界面。

输入命令"source .bash_profile"，然后按回车键；再次输入命令"mysql -u root -p"，

然后按回车键；输入密码，这里的密码为 root 密码，即在安装 MySQL 的时候设置的至少 8 位字符的密码。

Step17：直到出现"mysql>"，说明 MySQL 安装完成。

```
● ● ●                    mysql — mysql -u root -p — 80×24
Last login: Sun Jan  5 22:53:56 on ttys000
(base) zhangjunhong:~ ▮▮ :$ mysql
-bash: mysql: command not found
(base) zhangjunhong:~ ▮▮$ cd /usr/local/mysql
(base) zhangjunhong:mysql ▮i$ sudo vim .bash_profile
Password:
(base) zhangjunhong:mysql ▮▮$ source .bash_profile
(base) zhangjunhong:mysql i$ mysql -u root -p
Enter password:
Welcome to the MySQL monitor.  Commands end with ; or \g.
Your MySQL connection id is 8
Server version: 8.0.18 MySQL Community Server - GPL

Copyright (c) 2000, 2019, Oracle and/or its affiliates. All rights reserved.

Oracle is a registered trademark of Oracle Corporation and/or its
affiliates. Other names may be trademarks of their respective
owners.

Type 'help;' or '\h' for help. Type '\c' to clear the current input statement.

mysql> ▮
```

3.3 DBeaver 的下载与安装

DBeaver 是一款免费的、开源的、开发人员和数据库管理员通用的数据库管理工具。本书的案例代码运行使用的均为这款工具，读者可在 DBeaver 官方网站（https://dbeaver.io/）进行下载。

3.3.1 基于 Windows 的下载与安装

Step1：在浏览器地址栏输入 DBeaver 官方网站地址，进入首页，单击"Download"按钮。

Step2：选择"Windows 64 bit(installer + JRE)"版本进行下载。

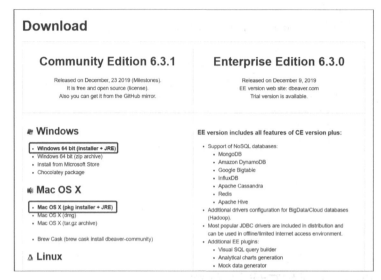

Step3：将下载好的安装包双击打开，单击"下一步"按钮。

Step4：单击"我接受"按钮。

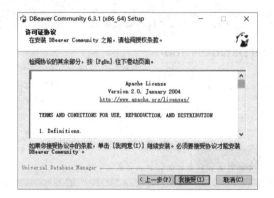

Step5：单击"下一步"按钮继续安装。

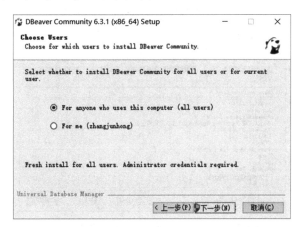

Step6：单击"下一步"按钮继续安装。

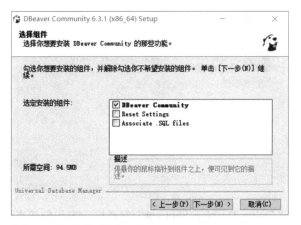

Step7：单击"下一步"按钮继续安装。

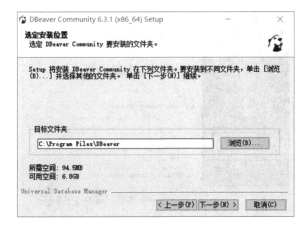

Step8：单击"安装"按钮。

Step9：等待进度条走完，然后单击"下一步"按钮。

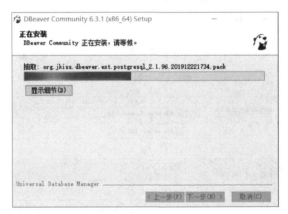

Step10：勾选"Create Desktop Shortcut"复选框，表示创建桌面快捷方式，然后单击"完成"按钮。

Step11：在桌面双击 DBeaver 快捷方式，启动 DBeaver 客户端，初次启动速度会慢一些。

Step12：我们下载的 MySQL 版本为 8.0+，所以这里的连接类型选择"MySQL 8+"。

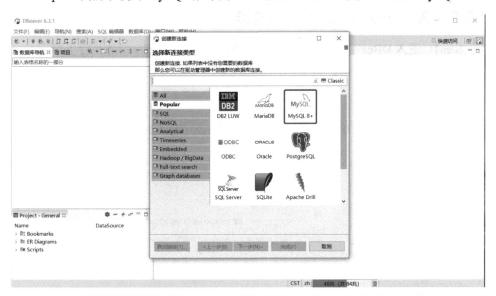

Step13：服务器地址为"localhost"，端口默认为"3306"，如果在安装 MySQL 的时候改为其他端口了，则在"端口"文本框输入对应的端口即可，然后输入密码，密码也是在安装 MySQL 的时候设置的。全部输入完成以后，单击"完成"按钮。

3.3.2　基于 macOS 的下载与安装

Step1：进入 DBeaver 官方网站，选择"Mac OS X"的 pkg 版本进行下载。

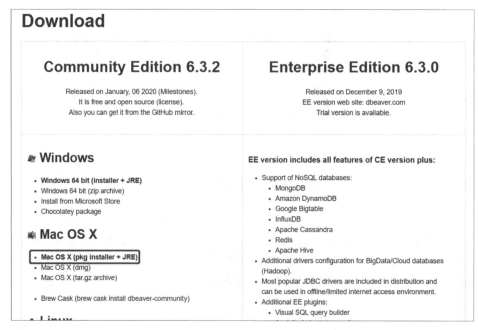

Step2：将下载好的安装包双击打开，单击"继续"按钮。

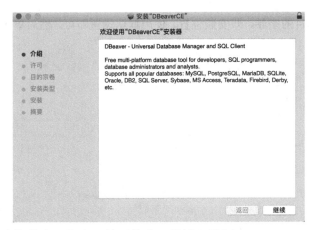

Step3：阅读软件许可协议，然后单击"继续"按钮。

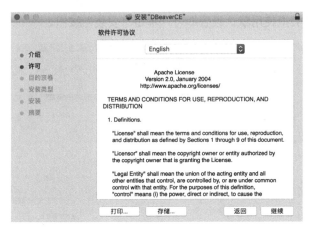

Step4：弹出是否同意软件许可协议的提示，单击"同意"按钮，然后单击"继续"按钮。

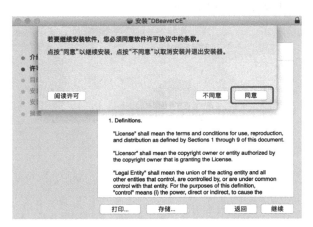

Step5：选择目的宗卷，即安装位置，使用默认设置即可，然后单击"继续"按钮。

Step6：安装类型使用默认设置即可，单击"安装"按钮。

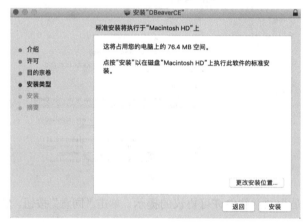

Step7：等待进度条走完，完成安装。

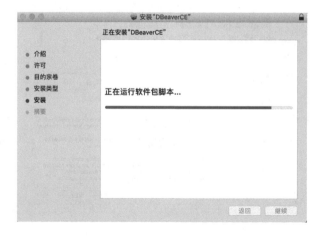

Step8：安装完成以后，单击"关闭"按钮关闭界面。

Step9：打开计算机程序文件夹，也可以按 F4 键，找到 DBeaver 客户端，双击打开。

Step10：进行连接配置，与 Windows 的配置方法一致。

3.4　DBeaver 使用说明

　　DBeaver 的主界面主要有四个模块：菜单栏，用于进行各种设置；数据库导航目录区，用于展示所有数据库、数据表、列以及其他内容之间的关系；代码区，用于编写代码；数据结果区，用于展示代码执行结果。

3.4.1　新建表结构

　　右击数据库导航目录区的数据库级别，即可新建数据库。

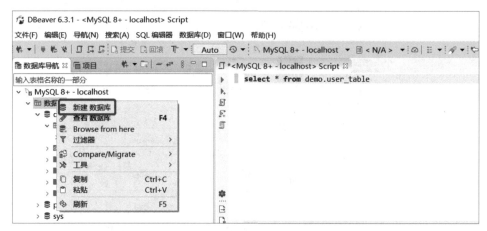

　　当进入一个具体的数据库时，右击表级别，即可新建表。

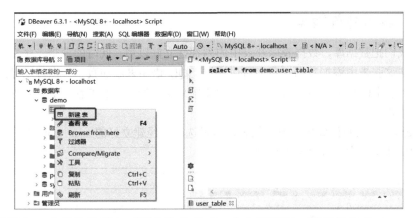

当进入一个具体数据库下面具体的表时，右击列级别，即可新建列。

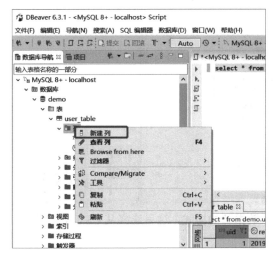

当我们在新建列时，除了需要指明列名，还需要指明列的数据类型，关于列的数据类型，读者可以查看 14.12 节的相关内容。

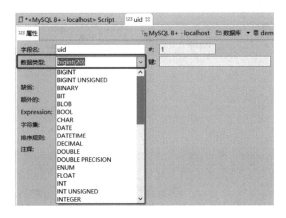

3.4.2 导入外部数据

当我们把数据库、数据表以及表中的列都建立好以后，此时的表是一张空表，我们需要向这张表中添加数据。我们可以通过 SQL 语句来添加数据，也可以导入外部数据，本书中的案例主要是通过导入外部数据来实现的。我们来看一下导入外部数据的具体流程。

Step1：右击我们要导入数据的表，这里选择已经建立好的 user_table 表，然后在弹出的快捷菜单中选择"导入数据"命令。

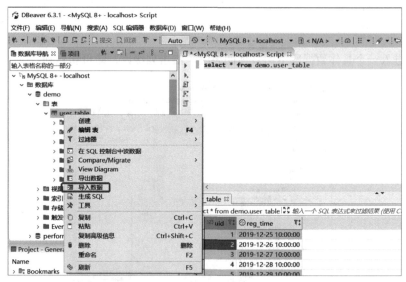

Step2：选择导入数据源的格式，这里选择从 CSV 格式导入，然后单击"下一步"按钮。

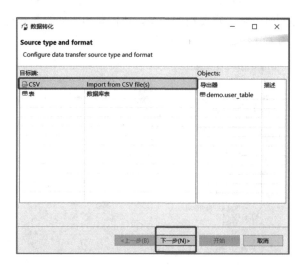

Step3：选择源端，源端就是要导入的 CSV 文件的文件路径，刚开始因为没有指定具体的路径，所以显示的是"none"；目标端就是我们要把 CSV 文件存储到哪里，这里选择存储到 demo 数据库的 user_table 表中，选择好路径以后单击"下一步"按钮。

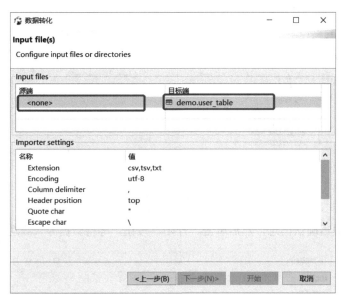

Step4：使用默认设置即可，单击"下一步"按钮。

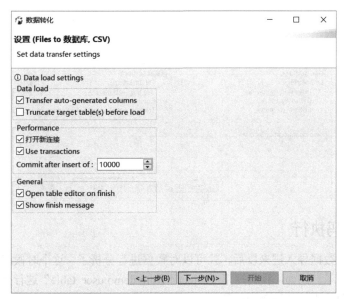

Step5：查看预览数据，确认是否是要导入的数据，如果是，则单击"下一步"按钮。

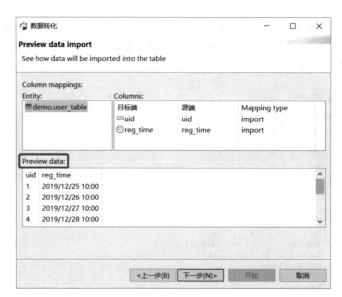

Step6：最后确认信息，然后单击"开始"按钮，等待数据导入成功。

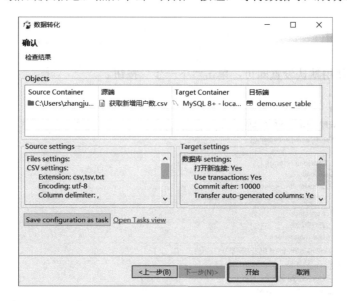

3.4.3　代码执行

当我们把数据导入进来以后，就可以对数据进行分析了。这个时候就需要移到代码区去写代码了，比如，我们写下"select * from demo.user_table"这行代码，然后单击左侧的方向箭头，代码就会执行。

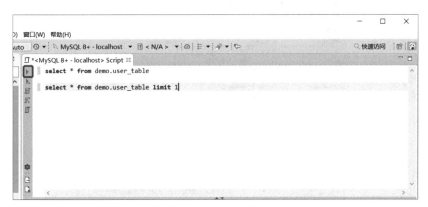

如果读者在一个代码区写了多条 select 语句，这个时候你要执行哪条 select 语句，就先用鼠标把要执行的部分选中，然后单击左侧的方向箭头，被选中的代码就会执行。

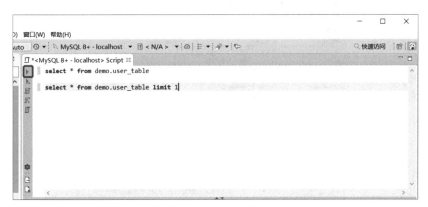

当一个代码区有多段代码时，除了可以利用分段执行的方式，我们还可以通过菜单栏新建一个 SQL 编辑器，在不同编辑器运行不同的代码。

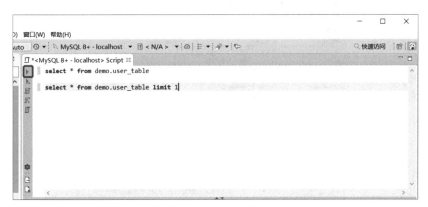

3.4.4 导出结果数据

通过前面的代码执行，我们会得到处理后的、想要的分析结果，那么怎么把分析结果再次导出到本地呢？

Step1：移到数据结果区，在查询出来的数据区域上右击，在弹出的快捷菜单中选择"导出结果集"命令。

Step2：选择"导出到 CSV 文件"，然后单击"下一步"按钮。

Step3：使用默认设置即可，然后单击"下一步"按钮。

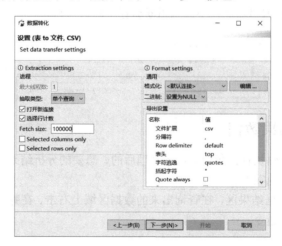

Step4：选择目录，即导出文件的保存路径，单击"下一步"按钮。

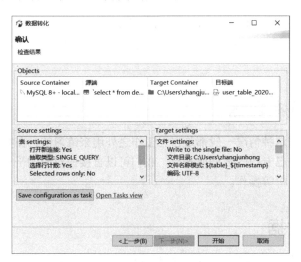

Step5：单击"开始"按钮，等待数据导出完成。

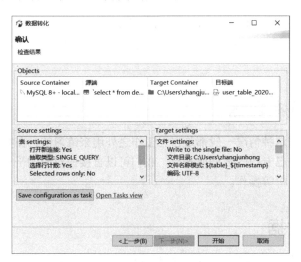

3.5　写下第一行 SQL 语句

```
select * from demo.table
```

select 表示选择、挑选，是一个动词；*表示具体要选择的信息；from 表示从哪里；demo.table 表示 demo 数据库中的 table 表。总结一下就是，从 demo 数据库的 table 表中获取 *。

注意：在 SQL 中代码是不区分大小写的，也就是说，SELECT 和 select 是一个意思。

第 4 章

数据源的获取

数据是数据分析的原始材料，没有数据有再多的分析想法也是无用的，俗话说，"巧妇难为无米之炊"。所以我们第一步先来看看如何获取数据源。常规的数据源分为三类：外部数据、公司现有数据、新建数据。

4.1 外部数据

外部数据一般是本地 Excel 文件，将本地的 Excel 文件导入数据库中，然后对数据进行处理、分析等操作。关于如何导入外部数据，读者可参考 3.4.2 节中的相关内容。

4.2 公司现有数据

导入外部数据这种情况一般都是自己工作之外用来练习的，在实际工作中，基本每个公司都会有自己专门的数据库平台，我们可以直接在对应的平台上利用 SQL 对数据进行查询、分析等操作。

4.3 新建数据

新建数据是指无外部数据和公司现有数据可用时，只能自己在数据库中新建数据，关于如何新建数据，后续章节会专门讲述。

4.4 熟悉数据

熟悉数据就是熟悉这个数据库主要是什么数据库，这个数据库中包含哪些表，这些表又分别存储了什么信息，表中的每列分别代表什么。

要想知道这些信息，这一节给读者介绍一个 MySQL 中附属的数据库，就是 information_schema，为什么说是附属的呢？是因为这个数据库是在安装 MySQL 的同时就会安装到计算机上。information_schema 中主要存储了关于数据库的各种库、表、列、注释等信息。这个数据库对我们有什么用呢？有很大用处，尤其是当一个公司没有数据字典的时候，相关工作人员就可以通过查看这个数据库，然后自己去梳理字典。

打开 MySQL 命令终端，如果使用的操作系统是 macOS，就是计算机终端。输入密码，然后输入命令"show databases;"，此时会展示出来 MySQL 自带的所有数据库，其中就包含 information_schema。

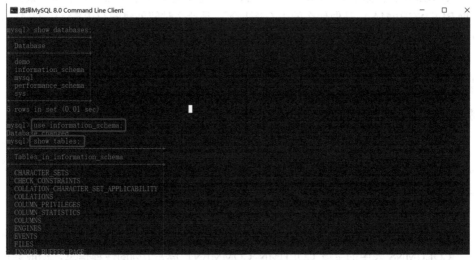

information_schema 中有很多表，继续在命令行中输入命令"use information_schema;"，表示要使用这个数据库；然后输入命令"show tables;"，表示展示 information_schema 中的所有表。

我们主要挑选以下三张比较常用的表（矩形框部分）来介绍。

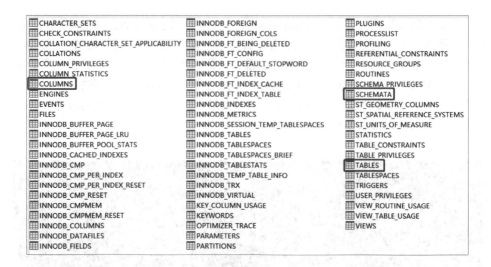

4.4.1 了解数据库信息

SCHEMATA 表存储了 MySQL 中所有与库相关的信息，比如，订单库、用户库等不同主题的库。

读者可以在线上查询平台中使用如下语句进行查看：

```
select * from information_schema.SCHEMATA
```

4.4.2 了解数据表信息

TABLES 表存储了 MySQL 中与表相关的信息。它记录了某张表属于哪个数据库（TABLE_SCHEMA）、是做什么的表（表注释）、是什么时间创建的（CREATE_TIME）、有多少行数据（INDEX_LENGTH）等信息。

读者可以在线上查询平台中使用如下语句进行查看：

```
select * from information_schema.TABLES
```

4.4.3 了解列信息

COLUMNS 表存储了 MySQL 的每张表中的列信息。它记录了某列属于哪张表（TABLE_NAME）、属于哪个库（TABLE_SCHEMA）、列的数据类型、列的注释（COLUMN_COMMENT）等信息。

读者可以在线上查询平台中使用如下语句进行查看：

```
select * from information_schema.COLUMNS
```

COLUMNS 表中的字段 COLUMN_COMMENT 是关于列的注释信息，一般会标明这个列是什么字段、不同的数字代表什么含义（例如，0 代表什么、1 代表什么）。

COLUMN_COMMENT 字段有很大的作用，当你需要某个字段，但是又不知道这个字段在哪里存储的时候，就可以使用 COLUMN_COMMENT 字段进行模糊查找，比如，你想要获取用户购买日期，那么就可以通过如下语句来进行模糊查找：

```sql
select
    TABLE_SCHEMA
    ,TABLE_NAME
    ,COLUMN_NAME
    ,COLUMN_COMMENT
from
    information_schema.COLUMNS
where COLUMN_COMMENT like '%购买日期%'
```

还有一些权限表、索引表、视图表、触发程序表，我们作为数据使用方平常不怎么接触，所以这里就不详细介绍了，感兴趣的读者可以自行查看。

第 5 章

数据的获取

本章所用到的数据如下表所示，读者可以自己新建，也可以通过本书前言提供的公众号获取数据集。

id	name	class	age	score
E001	张通	一班	18	{"语文":98,"数学":79,"英语":80}
E002	李谷	一班	22	{"语文":73,"数学":99,"英语":92}
E003	孙凤	一班	22	{"语文":99,"数学":87,"英语":79}
E004	赵恒	二班	19	{"语文":93,"数学":94,"英语":75}
E005	王娜	二班	17	{"语文":75,"数学":74,"英语":99}
E006	李伟	二班	19	{"语文":89,"数学":98,"英语":92}
E007	刘杰	三班	18	{"语文":99,"数学":77,"英语":77}
E008	薛李	三班	17	{"语文":91,"数学":79,"英语":73}
E009	裴军	三班	21	{"语文":82,"数学":94,"英语":72}

上表存储了每位同学的 id（学号）、name（姓名）、class（班级）、age（年龄）和 score（各科成绩）五个字段。我们把上表中的数据存储在 demo 数据库的 chapter5 表中。

具体如何把上表中的数据存储到 demo 数据库的 chapter5 表中呢？首先在 demo 数据库中新建一张名为 chapter5 的表，然后分别新建 id、name、class、age、score 列，表和列新建完成以后，再将本地的 CSV 文件导入即可。后面章节用到的数据导入方法与本章相同。

5.1 获取列

我们都知道一个数据库中有多张表，每张表中又有多个字段，即多个列。但我们并不是每次进行分析的时候都需要用到全部的表和全部的列，我们可以根据自己的需要选择想要的表或列。

5.1.1　获取全部列

1. Excel 实现

如果想要获取 Excel 表中全部的列，则可以拖动鼠标选中全部的列，也可以按 Ctrl+A 快捷键选中全部的列。

2. SQL 实现

如果我们想要获取 SQL 的 chapter5 表中的全部列，则可以通过如下代码实现：

```
select * from demo.chapter5
```

*表示获取一张表中的全部列，运行上面的代码就会得到 chapter5 表中的全部列。

5.1.2　获取特定的列

有时候，一张表中会有多个列，而我们又不需要获取全部列时，就可以只选择我们想要的列。

1. Excel 实现

在 Excel 中，如果我们要获取特定的某几列，则直接按住 Ctrl 键的同时单击想要的列即可。比如，我们要获取 chapter5 表中的 id 和 class 这两列，则按住 Ctrl 键的同时单击 id 列和 class 列即可。

	A	B	C	D	E
1	id	name	class	age	score
2	E001	张通	一班	18	{"语文":98,"数学":79,"英语":80}
3	E002	李谷	一班	22	{"语文":73,"数学":99,"英语":92}
4	E003	孙凤	一班	22	{"语文":99,"数学":87,"英语":79}
5	E004	赵恒	二班	19	{"语文":93,"数学":94,"英语":75}
6	E005	王娜	二班	17	{"语文":75,"数学":74,"英语":99}
7	E006	李伟	二班	19	{"语文":89,"数学":98,"英语":92}
8	E007	刘杰	三班	18	{"语文":91,"数学":77,"英语":77}
9	E008	薛李	三班	17	{"语文":91,"数学":79,"英语":73}
10	E009	裴军	三班	21	{"语文":82,"数学":94,"英语":72}

2. SQL 实现

在 SQL 中，如果我们要获取特定的某几列，只需要把代表全部列的*换成对应的列名即可，比如，我们要获取 chapter5 表中的 id 列和 class 列，可以通过如下代码实现：

```
select
    id
    ,class
from
    demo.chapter5
```

运行上面的代码，具体运行结果如下表所示。

id	class
E001	一班
E002	一班
E003	一班
E004	二班
E005	二班
E006	二班
E007	三班
E008	三班
E009	三班

5.2 获取想要的行

通过 5.1 节的介绍，我们已经知道了如何获取我们想要的列，但是通过前面的方法获取的是一整列数据，我们还可以根据需要获取指定的行。

5.2.1 获取全部行

如果只指定了要获取哪些列，对行没有指定，则默认获取的是这些列的全部行。

5.2.2 获取前几行

有时候，我们可能只是想看一下某张表中各个字段的数据都是什么样子的，这个时候我们就不需要获取所有的行，因为每行的数据都差不多，所以我们只需要获取前几行就可以了。

1. Excel 实现

只获取前几行，在 Excel 中实现起来比较简单，直接拖动鼠标选中想要的行即可。

	A	B	C	D	E
1	id	name	class	age	score
2	E001	张通	一班	18	{"语文":98,"数学":79,"英语":80}
3	E002	李谷	一班	22	{"语文":73,"数学":99,"英语":92}
4	E003	孙凤	一班	22	{"语文":99,"数学":87,"英语":79}
5	E004	赵恒	二班	19	{"语文":93,"数学":94,"英语":75}
4R x 16384C		王娜	二班	17	{"语文":75,"数学":74,"英语":99}
7	E006	李伟	二班	19	{"语文":89,"数学":98,"英语":92}
8	E007	刘杰	三班	18	{"语文":99,"数学":77,"英语":77}
9	E008	薛李	三班	17	{"语文":91,"数学":79,"英语":73}
10	E009	裴军	三班	21	{"语文":82,"数学":94,"英语":72}

2. SQL 实现

在 SQL 中，我们可以利用 limit 来对获取的行数进行限制，比如，我们要获取 chapter5 表中全部列的前 5 行，可以通过如下代码实现：

```
select
    *
from
    demo.chapter5
limit 5
```

运行上面的代码，就会把 chapter5 表中的前 5 行展示出来，具体运行结果如下表所示。

id	name	class	age	score
E001	张通	一班	18	{"语文":98,"数学":79,"英语":80}
E002	李谷	一班	22	{"语文":73,"数学":99,"英语":92}
E003	孙凤	一班	22	{"语文":99,"数学":87,"英语":79}
E004	赵恒	二班	19	{"语文":93,"数学":94,"英语":75}
E005	王娜	二班	17	{"语文":75,"数学":74,"英语":99}

limit 除了可以限制前几行，还可以写为 limit x,y 的形式，表示获取第 x 行（不包括第 x 行）以后的 y 行数据。

```
select
    *
from
    demo.chapter5
limit 2,3
```

运行上面的代码，可以获取第 2 行（不包括第 2 行）以后的 3 行数据，具体运行结果如下表所示。

id	name	class	age	score
E003	孙凤	一班	22	{"语文":99,"数学":87,"英语":79}
E004	赵恒	二班	19	{"语文":93,"数学":94,"英语":75}
E005	王娜	二班	17	{"语文":75,"数学":74,"英语":99}

5.2.3 获取满足单一条件的行

有时候，我们不只是单纯地想要获取前几行，而是想要获取满足特定条件的某些行，比如，获取 age 列中等于 18 的所有行。

1. Excel 实现

在 Excel 中，先给所有的列加上筛选框，然后要筛选哪一列就单击那一列的下拉箭头，接着选择"数字筛选"选项，因为 age 列是数字，所以选择"数字筛选"选项，如果要对文本列进行筛选，则会显示"文本筛选"选项，比如 name 列和 class 列。选择"数字筛选"选项以后，选择指定的筛选条件，此处选择"等于"，并勾选"18"复选框。

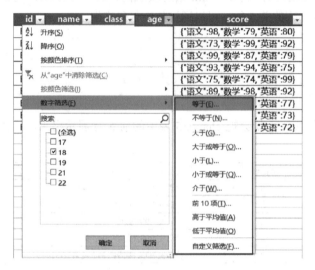

2. SQL 实现

在 SQL 中，我们可以利用 where 来指定具体的条件，把具体的条件放在 where 后面即可。比如，我们要获取 chapter5 表中 age 列等于 18 对应的行，可以通过如下代码实现：

```
select
    *
from
    demo.chapter5
where age = 18
```

运行上面的代码，就可以获取到 age 列等于 18 的行，具体运行结果如下表所示。

id	name	class	age	score
E001	张通	一班	18	{"语文":98,"数学":79,"英语":80}
E007	刘杰	三班	18	{"语文":99,"数学":77,"英语":77}

5.2.4　获取满足多个条件的行

有时候，一个条件可能不能满足我们的需求，需要同时用多个条件来进行限制，比如，我们要获取 age 列等于 18 且 class 列等于一班的所有行。

1. Excel 实现

在 Excel 中，如果我们要对多个列进行筛选，则先筛选一列，然后通过单击其他列的下拉箭头对其他列进行筛选。其实就是将单条件查询重复多遍。

2. SQL 实现

在 SQL 中，我们可以直接在 where 后面用逻辑符来连接多个条件，比如，我们要获取 chapter5 表中 age 列等于 18 且 class 列等于一班的所有行，可以通过如下代码实现：

```
select
    *
from
    demo.chapter5
where age = 18 and class = "一班"
```

运行上面的代码，具体运行结果如下表所示。

id	name	class	age	score
E001	张通	一班	18	{"语文":98,"数学":79,"英语":80}

上面是以两个条件为例的，也可以使用多个条件，多个条件之间还是直接用逻辑符连接即可。逻辑符除了用 and，还可以用 or，表示两个或者多个条件中只要有一个条件满足即可。比如，我们要获取 chapter5 表中 age 列等于 18 或 class 列等于一班的所有行，可以通过如下代码实现：

```
select
    *
from
    demo.chapter5
where age = 18 or class = "一班"
```

运行上面的代码，就会把所有 age 列等于 18 或 class 列等于一班的所有行获取出来，具体运行结果如下表所示。

id	name	class	age	score
E001	张通	一班	18	{"语文":98,"数学":79,"英语":80}
E002	李谷	一班	22	{"语文":73,"数学":99,"英语":92}
E003	孙凤	一班	22	{"语文":99,"数学":87,"英语":79}
E007	刘杰	三班	18	{"语文":99,"数学":77,"英语":77}

在上面的代码中，关于 where 后面的比较运算符我们只用了等于，还有更多的比较运算符可以用，比如，大于、小于、介于等，后续章节会详细讲述。

5.3　行列同时获取

前面两节内容都只是单独对行或列进行获取，我们也可以同时对行和列进行获取，即获取某些列的某些行。所谓的行列同时获取，就是把单独获取行和单独获取列的代码组合在一起，比如，我们要获取 chapter5 表中 age 列等于 18 且 class 列等于一班的 id 列和 name 列，具体实现代码如下：

```
select
   id
   ,name
from
   demo.chapter5
where age = 18 and class = "一班"
```

运行上面的代码，就会把 chapter5 表中满足 age 列等于 18 且 class 列等于一班的 id 列和 name 列获取出来，具体运行结果如下表所示。

id	name
E001	张通

5.4 插入一列固定值

有时候，我们会有这样的需求，除了要获取原始表中现有的数据，我们还想在 select 结果中根据选取的数据特征插入一列固定值。

比如，我们要从 chapter5 表中获取 age 列小于 20 的 id 列和 name 列，并希望用一列标签列来标识这些人的年龄情况。

1. Excel 实现

在 Excel 中，要达到这种目的，可以先把想要获取的数据筛选出来，然后在筛选出来的数据后面插入一列作为标签列，最后输入想要的标签，如下表所示。

id	name	label
E001	张通	age<20
E004	赵恒	age<20
E005	王娜	age<20
E006	李伟	age<20
E007	刘杰	age<20
E008	薛李	age<20

2. SQL 实现

在 SQL 中，我们想要给查询结果插入一列固定值，只需要把这列固定值当作表中的一列即可，具体实现代码如下：

```
select
   id
   ,name
   ,"age<20" as label
from
   demo.chapter5
where age < 20
```

运行上面的代码，得到的结果和 Excel 中得到的结果是完全一致的，label 列的每个值都是字符串"age < 20"，其中，as 表示给这一列起一个别名。

5.5　JSON 列解析

有时候，数据库中的数据是按照 JSON 格式存储的，什么是 JSON 格式呢？如果读者学过 Python，应该都知道字典这种数据结构，就是最外层用花括号括起来，花括号中是 key:value 的形式，key 可以理解成普通表中的字段名，value 就是这个字段的取值，一般花括号中会包含多个 key:value，也就是虽然只用了一列位置，但是存储了多列数据，用户可以根据需要选择对应的 key:value 值。在 SQL 中，我们可以使用 json_extract() 对 JSON 列中的数据进行获取。

chapter5 表中的 score 列就是 JSON 格式，比如，我们要获取每个 id 对应的数学成绩，可以通过如下代码实现：

```
select
    id
    ,json_extract(score,'$.数学') as "数学成绩"
from demo.chapter5
```

运行上面的代码，具体运行结果如下表所示。

id	数学成绩
E001	79
E002	99
E003	87
E004	94
E005	74
E006	98
E007	77
E008	79
E009	94

json_extract() 主要有两个参数，第一个参数需要说明 JSON 格式的列名，此处是 score 列；第二个参数需要说明你要获取 JSON 中具体哪个 key 对应的 value 值，注意 key 前面的 $ 符号不可少。此处是要获取"数学"这个 key 对应的数学成绩这个 value 值。

json_extract() 用于获取 JSON 中 key 对应的 value 值，如果我们想要查看 JSON 中都有哪些 key，则可以通过 json_keys() 来实现。比如，我们要查看每个 id 对应的 score 列中都有哪些 key，就可以通过如下代码实现：

```
select
    id
    ,json_keys(score) as "科目"
from demo.chapter5
```

运行上面的代码，具体运行结果如下表所示。

id	科目
E001	["数学","英语","语文"]
E002	["数学","英语","语文"]
E003	["数学","英语","语文"]
E004	["数学","英语","语文"]
E005	["数学","英语","语文"]
E006	["数学","英语","语文"]
E007	["数学","英语","语文"]
E008	["数学","英语","语文"]
E009	["数学","英语","语文"]

5.6 对结果进行排序

对结果进行排序也是我们经常会执行的操作，我们来看一下在 Excel 中和在 SQL 中分别是怎么实现的。

1. Excel 实现

在 Excel 中，我们要想将结果按照某一列进行排序，实现方法与数据筛选类似，先给所有的表头加上筛选，然后单击下拉箭头就会弹出"升序""降序""按颜色排序"三种排序方式。

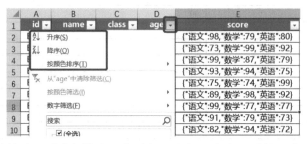

上述方法只是对一列进行排序，有时候，我们还会有同时按照多列进行排序的需求，这个时候就要用到"自定义排序"的方式了。

"自定义排序"在"排序和筛选"下拉列表中，通过自定义排序可以按照多行或

多列进行排序。比如，我们要同时按照 class 列和 age 列进行排序，且先按照 class 列
进行排序，如果 class 列相同，则再按照 age 列进行排序，这个时候 class 列就是主要
关键字，age 列就是次要关键字，用户可以分别指明不同列是按照升序排列还是按照
降序排列。如果用户还需要按照其他列进行排序，只需要单击左上角的"添加条件"
按钮即可。

2. SQL 实现

在 SQL 中，我们要想将结果列按照某列进行排序，需要借助 order by 来实现，比
如，我们要将 chapter5 表按照 age 列进行升序排列，具体实现代码如下：

```
select
    *
from
    demo.chapter5
order by age
```

运行上面的代码，具体运行结果如下表所示。

id	name	class	age	score
E005	王娜	二班	17	{"语文":75,"数学":74,"英语":99}
E008	薛李	三班	17	{"语文":91,"数学":79,"英语":73}
E001	张通	一班	18	{"语文":98,"数学":79,"英语":80}
E007	刘杰	三班	18	{"语文":99,"数学":77,"英语":77}
E004	赵恒	二班	19	{"语文":93,"数学":94,"英语":75}
E006	李伟	二班	19	{"语文":89,"数学":98,"英语":92}
E009	裴军	三班	21	{"语文":82,"数学":94,"英语":72}
E002	李谷	一班	22	{"语文":73,"数学":99,"英语":92}
E003	孙凤	一班	22	{"语文":99,"数学":87,"英语":79}

我们可以看到上面代码运行的结果是按照 age 列进行升序排列的，这是 order by
默认的排序方式，如果我们想按照 age 列进行降序排列，则可以在 age 后面加一个 desc，
表明降序排列，具体实现代码如下：

```
select
    *
from
    demo.chapter5
order by age desc
```

运行上面的代码，具体运行结果如下表所示。

id	name	class	age	score
E002	李谷	一班	22	{"语文":73,"数学":99,"英语":92}
E003	孙凤	一班	22	{"语文":99,"数学":87,"英语":79}
E009	裴军	三班	21	{"语文":82,"数学":94,"英语":72}
E004	赵恒	二班	19	{"语文":93,"数学":94,"英语":75}
E006	李伟	二班	19	{"语文":89,"数学":98,"英语":92}
E001	张通	一班	18	{"语文":98,"数学":79,"英语":80}
E007	刘杰	三班	18	{"语文":99,"数学":77,"英语":77}
E005	王娜	二班	17	{"语文":75,"数学":74,"英语":99}
E008	薛李	三班	17	{"语文":91,"数学":79,"英语":73}

与 desc 相对应的是 asc，表示升序排列，order by 默认的是升序排列，所以当我们对数据进行升序排列时，一般省略不写。

如果我们在 SQL 中也想按照多列进行排序，那么只需要在 order by 后面指明要排序的多个列以及每个列对应的排序方式即可，比如，我们要对 chapter5 表中的 class 列进行升序排列，对 age 列进行降序排列，具体实现代码如下：

```
select
    *
from
    demo.chapter5
order by class asc
        ,age desc
```

运行上面的代码，具体运行结果如下表所示。

id	name	class	age	score
E002	李谷	一班	22	{"语文":73,"数学":99,"英语":92}
E003	孙凤	一班	22	{"语文":99,"数学":87,"英语":79}
E001	张通	一班	18	{"语文":98,"数学":79,"英语":80}
E009	裴军	三班	21	{"语文":82,"数学":94,"英语":72}
E007	刘杰	三班	18	{"语文":99,"数学":77,"英语":77}
E008	薛李	三班	17	{"语文":91,"数学":79,"英语":73}
E004	赵恒	二班	19	{"语文":93,"数学":94,"英语":75}
E006	李伟	二班	19	{"语文":89,"数学":98,"英语":92}
E005	王娜	二班	17	{"语文":75,"数学":74,"英语":99}

如果我们要对多个列进行统一的升序排列，则可以直接将多个列名用逗号分隔开，省略排序方式。

第6章

数据预处理

本章所用到的数据如下表所示，读者可以自己新建，也可以通过本书前言提供的公众号获取数据集。

order_id	date	value	memberid	age	sex	profession
112469	2017/4/5	9.32	90D24	35	男	森林业
112471	2017/4/5	26.396	9548A	16	女	建筑工程业
112471	2017/4/5	26.396	9548A	16	女	建筑工程业
112472	2017/4/6	100.14	4819C	44	女	公共事业
112473	2017/4/6	6.52	6915B	40	男	娱乐业
112473	2017/4/6	6.52	6915B	40	男	娱乐业
112475	2017/4/7	34.965	14EB2	45	男	
112476	2017/4/7	30.785	91DF6	22	男	新闻广告业
112477	2017/4/7	2.62	50C86	16	女	

上表存储了 order_id（订单 ID）、date（下单日期）、value（订单金额）、memberid（会员 ID）、age（会员的年龄）、sex（会员的性别）和 profession（所在行业信息）七个字段。我们把上表中的数据存储在 demo 数据库的 chapter6 表中。

6.1 缺失值处理

我们在数据库中存储的数据一般都会由于各种原因存在缺失值，我们需要对这部分数据进行处理。一般的处理方式有两种：第一种是直接把缺失值过滤掉，第二种是对缺失值进行填充。

1. Excel 实现

对第一种处理方式，在 Excel 中，我们可以通过筛选的方式将非缺失值部分筛选出来，从而就可以得到过滤掉缺失值以后的数据了。

对第二种处理方式，我们可以通过筛选的方式将缺失值部分筛选出来，然后手动填充上我们想要的值。我们也可以通过空值定位条件来对全表中的缺失值进行统一填充。先按 Ctrl+G 快捷键调出"定位"对话框，然后单击"定位条件"按钮，在弹出的"定位条件"对话框中选择"空值"选项，最后单击"确定"按钮。这样就会把所有的缺失值单元格选中，在第一个缺失值单元格内输入想要填充的值，输入以后按 Ctrl+Enter 快捷键就可以对所有缺失值进行填充。

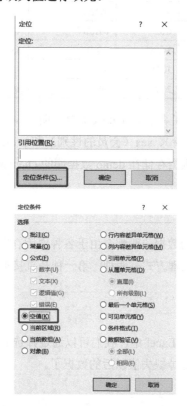

2. SQL 实现

对第一种处理方式，在 SQL 中，我们可以通过 where 进行过滤，具体实现代码如下：

```
select
    *
from
    demo.chapter6
where profession != ""
```

运行上面的代码，我们就可以得到过滤掉缺失值以后的数据，具体运行结果如下表所示。

order_id	date	value	memberid	age	sex	profession
112469	2017/4/5	9.32	90D24	35	男	森林业
112471	2017/4/5	26.396	9548A	16	女	建筑工程业
112471	2017/4/5	26.396	9548A	16	女	建筑工程业
112472	2017/4/6	100.14	4819C	44	女	公共事业
112473	2017/4/6	6.52	6915B	40	男	娱乐业
112473	2017/4/6	6.52	6915B	40	男	娱乐业
112476	2017/4/7	30.785	91DF6	22	男	新闻广告业

!=表示不等于，""表示空值，缺失值有空格、null 和空值三种表现形式，前两种形式虽然也表示缺失值，但是在对应的单元格内是有值的，而后一种空值是没有值的，表示这个单元格什么都没有。

如果缺失值是用空格表示的，要过滤掉缺失值，where 后面就需要改成 profession != " "；如果缺失值是用 null 表示的，要过滤掉缺失值，where 后面就需要改成 profession is not null。

上面的处理方式把 profession 列是缺失值的行都过滤掉了，所以这种处理方式会把其他非缺失值的字段过滤掉，而造成数据的浪费。我们可以将 profession 列中的缺失值填充为其他，而不是直接过滤掉，这就是针对缺失值的第二种处理方式，使用的是 coalesce()函数，具体实现代码如下：

```
select
    order_id
    ,memberid
    ,coalesce(profession,"其他")
from
    demo.chapter6
```

运行上面的代码，具体运行结果如下表所示。

order_id	memberid	profession
112469	90D24	森林业
112471	9548A	建筑工程业

order_id	memberid	profession
112471	9548A	建筑工程业
112472	4819C	公共事业
112473	6915B	娱乐业
112473	6915B	娱乐业
112475	14EB2	
112476	91DF6	新闻广告业
112477	50C86	

上面的结果并不是我们想要的，profession 列的缺失值并没有填充成其他。

这是因为 coalesce()函数的形式为(null,null,…,null,value)。

如果 value 前面的值均为 null，则缺失值被填充为 value。我们在前面讲过，用来表示缺失值的空值和 null 是有区别的，这里面的缺失值是空值而非 null，所以 coalesce()函数没有生效。

运行下面的代码，就可以得到我们想要的结果：

```
select coalesce(null,"我是填充值")
```

运行上面的代码，得到的结果为我是填充值。

对于这种缺失值是空值的情况，我们可以用 if 条件语句来进行处理，关于 if 条件语句，后续章节会详细讲述。

读者有没有注意到，上面的代码中只有 select，而没有 from，按照我们之前的理解，要想 select 必须先指明从哪里 select，也就是应该要有 from。可是为什么上面的代码中虽然没有写 from，但依然可以得出结果呢？这是因为 select 部分不需要依赖于任何表的数据，全部是由我们手动填充的，我们只是利用了 SQL 中提供的功能对我们手动填充的数据进行运算。比如，我们还可以进行如下运算：

```
select 1 + 1
```

运行上面的代码，最后得到的结果为 2。

6.2　重复值处理

我们在数据库中存储的数据有时候也会存在一些重复值，重复值会影响分析结果，所以我们也需要对这部分数据进行处理。对重复值的处理，我们一般采取的方式是删除重复值，即只保留重复数据中的一项，其他数据则被删除。

1. Excel 实现

在 Excel 中，我们可以通过单击"数据"选项卡中的"删除重复值"按钮对重复值进行删除。"删除重复值"默认删除所有字段（列）完全相同的行。

我们也可以将某一列单独复制到一张新表中，然后对这一列进行删除重复值的操作，就可以得到这一列中删除重复值以后的结果。

2. SQL 实现

在 SQL 中，我们可以使用 distinct 对查询出来的全部结果进行删除重复值的操作，需要注意的是，这里不是针对全表进行删除重复值的操作，而是针对查询出来的全部结果，也就是 select distinct 后面的具体列进行删除重复值的操作。如果是 select distinct *，则就是针对全表进行删除重复值的操作了。

```
select
    distinct *
from
    demo.chapter6
```

上面的代码是针对整张 chapter6 表进行删除重复值的操作的，运行代码，具体运行结果如下表所示。

order_id	date	value	memberid	age	sex	profession
112469	2017/4/5	9.32	90D24	35	男	森林业
112471	2017/4/5	26.396	9548A	16	女	建筑工程业
112472	2017/4/6	100.14	4819C	44	女	公共事业
112473	2017/4/6	6.52	6915B	40	男	娱乐业
112475	2017/4/7	34.965	14EB2	45	男	
112476	2017/4/7	30.785	91DF6	22	男	新闻广告业
112477	2017/4/7	2.62	50C86	16	女	

有时候，我们不需要对全表进行删除重复值的操作，这个时候就可以根据具体需要选择指定列进行删除重复值的操作，比如，我们对 chapter6 表中的 order_id 列和 memberid 列进行删除重复值的操作，具体实现代码如下：

```
select
    distinct
    order_id
    ,memberid
from
    demo.chapter6
```

运行上面的代码，具体运行结果如下表所示。

order_id	memberid
112469	90D24
112471	9548A
112472	4819C
112473	6915B
112475	14EB2
112476	91DF6
112477	50C86

对重复值进行处理，我们除了可以使用 distinct，还可以使用 group by，对想要删除重复值的列进行 group by 就可以得到删除重复值后的结果，具体实现代码如下：

```
select
    order_id
    ,memberid
from
    demo.chapter6
group by order_id
        ,memberid
```

运行上面的代码，可以得到和使用 distinct 一样的结果。

6.3　数据类型转换

一般我们会根据不同的需求，以及不同的场景对数据类型进行转换，转换成我们想要的数据类型。

1. Excel 实现

在 Excel 中，我们要更改某一列的数据类型，有两种实现方式。

第一种：把需要更改数据类型的列选中，然后右击，在弹出的快捷菜单中选择"设置单元格格式"命令。

order_id	date	value	memberid	age	sex	profession
112469	2017/4/5	9.32	90D24			
112471	2017/4/5	26.396	9548A			
112471	2017/4/5	26.396	9548A			
112472	2017/4/6	100.14	4819C			
112473	2017/4/6	6.52	6915B			
112473	2017/4/6	6.52	6915B			
112475	2017/4/7	34.965	14EB2			
112476	2017/4/7	30.785	91DF6			
112477	2017/4/7	2.62	50C86			

第二种：先选中需要更改数据类型的列，然后在"开始"选项卡的"常规"下拉
列表中选择相应的数据类型。

2. SQL 实现

在 SQL 中，我们想要更改某一列的数据类型，可以使用 cast()和 convert()函数，
具体形式如下：

```
cast(value as type);
convert(value, type);
```

上面两个函数中的 type 表示某列更改为目标数据后的类型。目标数据类型包括如
下表所示的几种。

类型	符号
浮点型	decimal
整型	signed
字符型	char
二进制	binary
日期	date
时间	time
日期时间	datetime

我们将 chapter6 表中的 age 列从整型分别转化为浮点型（decimal）和字符型（char），
具体实现代码如下：

```
select
    age
    ,cast(age as decimal) decimal_age
```

```
,convert(age,char) char_age
from demo.chapter6
```

运行上面的代码，具体运行结果如下图所示。

123 age	123 decimal_age	ABC char_age
35	35	35
16	16	16
16	16	16
44	44	44
40	40	40
40	40	40
45	45	45
22	22	22
16	16	16

我们可以看出，不同列左上角的符号是不一样的，第 1 列左上角是 123，表示该列是整型；第 2 列虽然看上去也是 123，但是将鼠标指针放上去的时候会显示 decimal；第 3 列左上角是 ABC，表示该列是字符型，说明数据类型转换成功了。

6.4　重命名

一般，公司数据库中存储的表的字段名都是英文形式的，为了让数据更加清晰，我们一般会将英文字段名重命名为中文字段名；或者一个字段并不是表中现有的数据，而是通过表中现有的数据计算生成的，这个时候我们也需要对字段名进行重命名。重命名的过程其实就是起别名的过程，在 Excel 中，我们直接在对应的单元格中修改成想要的内容即可，在 SQL 中，我们通过 as 来实现，as 前面为原始字段名，as 后面为别名。

我们将 chapter6 表中的所有英文字段名全部重命名为中文字段名，具体实现代码如下：

```
select
   order_id as "订单 ID"
   ,date as "下单日期"
   ,value as "订单金额(元)"
   ,memberid as "会员 ID"
   ,age as "年龄"
   ,sex as "性别"
   ,profession as "行业"
from
   demo.chapter6
```

运行上面的代码，具体运行结果如下表所示。

订单 ID	下单日期	订单金额(元)	会员 ID	年龄	性别	行业
112469	2017/4/5	9.32	90D24	35	男	森林业
112471	2017/4/5	26.396	9548A	16	女	建筑工程业

续表

订单 ID	下单日期	订单金额(元)	会员 ID	年龄	性别	行业
112471	2017/4/5	26.396	9548A	16	女	建筑工程业
112472	2017/4/6	100.14	4819C	44	女	公共事业
112473	2017/4/6	6.52	6915B	40	男	娱乐业
112473	2017/4/6	6.52	6915B	40	男	娱乐业
112475	2017/4/7	34.965	14EB2	45	男	
112476	2017/4/7	30.785	91DF6	22	男	新闻广告业
112477	2017/4/7	2.62	50C86	16	女	

当然，上面代码中的 as 是可以省略不写的，直接以"原始字段名 新字段名"的形式也是可以的，但是为了让代码更加可读，建议不要省略。

第 7 章

数 据 运 算

本章所用到的数据如下表所示，读者可以自己新建，也可以通过本书前言提供的公众号获取数据集。

id	name	sales_a	sales_b	price_a	price_b
E001	张通	18	15	10	5
E002	李谷	12	17	10	5
E003	孙凤	19	20	10	5
E004	赵恒	12	14	10	5
E005	王娜	13	11	10	5
E006	李伟	16	16	10	5
E007	刘杰	11	13	10	5
E008	薛李	14	18	10	5
E009	裴军	11	18	10	5

上表存储了 id（销售人员 ID）、name（销售人员姓名）、sales_a（a 产品销量）、sales_b（b 产品销量）、price_a（a 产品价格）和 price_b（b 产品价格）六个字段。我们把上表中的数据存储在 demo 数据库的 chapter7 表中。

7.1 算术运算

算术运算就是我们所熟悉的加减乘除运算，是比较常见的、简单的运算。无论是在 Excel 中还是在 SQL 中，我们都可以直接对任意两列或多列进行相应的运算。

1. Excel 实现

在 Excel 中，我们如果要对两个或多个值进行算术运算，直接在空白单元格中输入要进行运算的值所在的单元格位置即可。如果要对两列或多列进行算术运算，在首行空白单元格内输入列的第 1 行对应的单元格，然后将公式下拉填充即可。

=C2+D2

		▾	⋮	×	✓	f_x	=C2+D2	

	A	B	C	D	E	F	G
	id	name	sales_a	sales_b	price_a	price_b	all_sales
	E001	张通	18	15	10	5	=C2+D2
	E002	李谷	12	17	10	5	
	E003	孙凤	19	20	10	5	
	E004	赵恒	12	14	10	5	
	E005	王娜	13	11	10	5	
	E006	李伟	16	16	10	5	
	E007	刘杰	11	13	10	5	
	E008	薛李	14	18	10	5	
	E009	裴军	11	18	10	5	

上面的公式表示对 C2 单元格和 D2 单元格进行相加运算，可以将该公式下拉填充，表示对 C 列和 D 列这两列进行相加运算。当然，这里的相加运算也可以转换为其他算术运算。

2. SQL 实现

在 SQL 中，我们要对某两列或多列进行算术运算时，直接将相应的列名与相应的运算符连接即可。现在需要获取每个销售产品的所有销量，即 a 产品销量+b 产品销量；a 产品与 b 产品的销量差；每个销售产品的总销售额，即 a 产品销量×a 产品价格+b 产品销量×b 产品价格；a 产品与 b 产品的价格倍数；a 产品销量的 2 倍。具体实现代码如下：

```
select
    id
    ,(sales_a + sales_b) as all_sales
    ,(sales_a - sales_b) as sales_a_b
    ,(sales_a * price_a + sales_b * price_b)  as gmv
    ,(price_a / price_b) as price_a_b
    ,sales_a * 2 as 2_sales_a
from demo.chapter7
```

运行上面的代码，具体运行结果如下表所示。

id	all_sales	sales_a_b	gmv	price_a_b	2_sales_a
E001	33	3	255	2	36
E002	29	−5	205	2	24
E003	39	−1	290	2	38
E004	26	−2	190	2	24
E005	24	2	185	2	26
E006	32	0	240	2	32
E007	24	−2	175	2	22
E008	32	−4	230	2	28
E009	29	−7	200	2	22

在 SQL 中，加减乘除运算的优先级和数学运算中的优先级是一样的，即先算乘除再算加减。

在算术运算中除了加减乘除，还有整除（div）和取余（%和 mod）两种运算。

```
select 7 div 2  -- 结果为 3
select 7 % 2  -- 结果为 1
select 7 mod 2  -- 结果为 1
```

这里需要特别说明一下与 null 相关的运算，如果 null 参与加减乘除的算术运算，会得到什么结果？

```
select
  1 + null
  ,1 - null
  ,1 * null
  ,1 / null
```

运行上面的代码，结果为 4 个 null，这是因为 null 与任何数进行运算，结果都是 null，类似于 0 乘任何数都得 0。

7.2　比较运算

比较运算主要用于两列或者某一列同一个具体的值之间的比较，主要有如下表所示的几种运算。

运算符	说明
>	大于
<	小于
=	等于
>=	大于或等于
<=	小于或等于
<>	不等于
!=	不等于
between	介于
is null	空值
is not null	非空值

前面的几个运算符读者应该比较了解，后四个运算符可能不太熟悉，这四个运算符只可以在 SQL 中使用，而不可以在 Excel 中使用。

1. Excel 实现

在 Excel 中，如果要对两列进行比较，可以直接指明要比较的具体单元格，比如 C2>D2，然后对该公式进行下拉填充即可，与算术运算比较类似，只是把算术运算符换成了比较运算符；如果是某列与具体的一个值的比较，直接指明具体的单元格与具体的值，比如 C2>2，然后对该公式进行下拉填充，最后就会得到 TRUE/FALSE 的结果。

如下所示，我们对 C2 单元格和 D2 单元格进行比较，因为 C2>D2，所以最后返回的结果为 TRUE。

2. SQL 实现

在 SQL 中，如果要实现比较运算，与在 Excel 中类似，需要先指明待比较的具体列，然后用比较运算符将不同的列连接起来，具体实现代码如下：

```
select
    id
    ,sales_a
    ,sales_b
    ,sales_a > sales_b as "大于"
    ,sales_a < sales_b as "小于"
    ,sales_a = sales_b as "等于"
    ,sales_a != sales_b as "不等于"
    ,sales_a is null as "空值"
    ,sales_a is not null as "非空值"
from demo.chapter7
```

在上面的代码中，我们对 chapter7 表中的 sales_a 列和 sales_b 列进行了各种比较运算，最后得到不同的结果，结果展示与 Excel 有所不同，在 Excel 中，如果比较结果是正确的，则返回 TRUE，否则返回 FALSE；而在 SQL 中如果比较结果是正确的，则返回 1，否则返回 0。运行上面的代码，具体运行结果如下表所示。

id	sales_a	sales_b	大于	小于	等于	不等于	空值	非空值
E001	18	15	1	0	0	1	0	1
E002	12	17	0	1	0	1	0	1
E003	19	20	0	1	0	1	0	1
E004	12	14	0	1	0	1	0	1
E005	13	11	1	0	0	1	0	1
E006	16	16	0	0	1	0	0	1
E007	11	13	0	1	0	1	0	1
E008	14	18	0	1	0	1	0	1
E009	11	18	0	1	0	1	0	1

比较运算不仅可以被用于列与列之间的比较，也可以被用于前面讲的条件筛选中，只需在 where 后面写明具体的比较运算即可。比如，我们要获取 a 产品的销量为 15~20 范围内的 id 列和 sales_a 列，可以通过如下代码实现：

```
select
    id
    ,sales_a
from demo.chapter7
where sales_a between 15 and 20
```

运行上面的代码，就可以获取 a 产品的销量为 15~20 范围内的 id 列和 sales_a 列，具体运行结果如下表所示。

id	sales_a
E001	18
E003	19
E006	16

如果要获取 a 产品销量大于 15 的 id 列和 sales_a 列，则可以通过如下代码实现：

```
select
    id
    ,sales_a
from demo.chapter7
where sales_a > 15
```

7.3 逻辑运算

逻辑运算符主要用来连接多个条件，有 and、or、not 三种，如下表所示。

运算符	说明
and	与，只有当多个条件均为真，结果才为真
or	或，多个条件中只要有一个条件为真，结果就为真
not	非，相当于取反，如果 not 后面的条件为真，则结果为假，否则相反

1. Excel 实现

在 Excel 中，我们要实现逻辑运算，只需要在运算符后面指明具体的条件即可。具体的形式如下：

```
and(条件 1,条件 2,...,条件 n)
```

当"条件 1,条件 2,...,条件 n"n 个条件均为真时，结果就会返回 TRUE，否则返回 FALSE。

```
or(条件 1,条件 2,...,条件 n)
```

"条件 1,条件 2,...,条件 n"n 个条件中只要有一个条件为真，结果就会返回 TRUE，否则返回 FALSE。

```
not(条件)
```

当"条件"为真时，结果返回 FALSE，否则返回 TRUE。

我们在单元格 G2 中输入如下公式：

```
=and(C2>10,D2>10)
```

上面的公式表示判断第一个条件 C2>10 和第二个条件 D2>10 是否同时满足，如果同时满足，则返回 TRUE，否则返回 FALSE。C2 单元格和 D2 单元格中的值均大于10，所以最后返回的结果为 TRUE。

id	name	sales_a	sales_b	price_a	price_b	逻辑
E001	张通	18	15	10	5	TRUE
E002	李谷	12	17	10	5	
E003	孙凤	19	20	10	5	
E004	赵恒	12	14	10	5	
E005	王娜	13	11	10	5	
E006	李伟	16	16	10	5	
E007	刘杰	11	13	10	5	
E008	薛李	14	18	10	5	
E009	裴军	11	18	10	5	

2. SQL 实现

在 SQL 中实现逻辑运算与在 Excel 中类似，比如，我们要给每个 id 加两个标签：双优和单优。双优的标准是 sales_a 列和 sales_b 列均大于 15，单优的标准是只要 sales_a 列和 sales_b 列中有一列大于 15 即可。具体实现代码如下：

```
select
    id
    ,sales_a
    ,sales_b
    ,((sales_a > 15) and (sales_b > 15)) as "双优"
    ,((sales_a > 15) or (sales_b > 15)) as "单优"
from demo.chapter7
```

运行上面的代码，满足双优标准的 id 会被加上 1 标签，不满足的被加上 0 标签，单优也是如此，具体运行结果如下表所示。

id	sales_a	sales_b	双优	单优
E001	18	15	0	1
E002	12	17	0	1
E003	19	20	1	1
E004	12	14	0	0
E005	13	11	0	0
E006	16	16	1	1
E007	11	13	0	0
E008	14	18	0	1
E009	11	18	0	1

7.4 数学运算

数学运算就是与数学相关的一些运算，比如，三角函数、对数运算等。

函数	说明
abs(x)	返回 x 的绝对值
acos(x)	返回 x 的反余弦
asin(x)	返回 x 的反正弦
atan(x)	返回 x 的反正切
atan2(y,x)	返回 x,y 的反正切
ceil(x)	返回不小于 x 的最小整数值
ceiling(x)	与 ceil(x)相同
conv(x,frombase,tobase)	将 x 在不同进制之间进行转换
cos(x)	返回 x 的余弦
cot(x)	返回 x 的余切
crc32(x)	计算 x 的循环冗余校验值
degrees(x)	将弧度 x 转换为对应的角度
exp(n)	返回 e 的 n 次方
floor(x)	返回不大于 x 的最大整数值
ln(x)	返回 x 的自然对数
log(x)	返回 x 的自然对数
log10(x)	返回 x 以 10 为底的对数
log2(x)	返回 x 以 2 为底的对数
mod(x,y)	返回 x 除以 y 的余数
pi()	返回 pi 的值
pow(x,y)	返回 x 的 y 次幂
power()	与 pow()相同
radians(x)	将角度 x 转换为对应的弧度
rand()	返回一个随机浮点值
round(x,d)	返回 d 精确度的 x
sign(x)	返回 x 的正负符号
sin(x)	返回 x 的正弦
sqrt(x)	返回 x 的平方根
tan(x)	返回 x 的切线
truncate(x,d)	返回保留 d 位小数的 x

数学运算有很多，我们选一些比较常用的函数进行介绍，其他函数在 Excel 中基本也是同样的用法，这里就不再展开介绍，主要以在 SQL 中使用为主。

7.4.1 求绝对值

读者应该都知道绝对值是什么意思，求绝对值也是比较常见的一种运算。比如，我们想要求每个 id 对应的 sales_a 列和 sales_b 列的绝对差值,如果直接将这两列做差,得到的结果肯定有正有负，但我们想要求的是绝对差值，所以我们需要对直接做差后的结果求绝对值。具体实现代码如下：

```
select
    id
    ,sales_a
    ,sales_b
    ,(sales_a - sales_b) as "差值"
    ,abs(sales_a - sales_b) as "绝对差值"
from demo.chapter7
```

运行上面的代码，会生成一列 sales_a 列和 sales_b 列做差后的结果，我们把这一列称为差值，还有一列是针对差值求绝对值的列，称为绝对差值，具体运行结果如下表所示。

id	sales_a	sales_b	差值	绝对差值
E001	18	15	3	3
E002	12	17	−5	5
E003	19	20	−1	1
E004	12	14	−2	2
E005	13	11	2	2
E006	16	16	0	0
E007	11	13	−2	2
E008	14	18	−4	4
E009	11	18	−7	7

7.4.2 求最小整数值

有时候，我们会按照某个规则生成某个数对应的整数值，比如，生成不小于 x 的最小整数值。在 SQL 中，我们使用的是 ceil()函数，具体实现代码如下：

```
select ceil(2.9)
```

运行上面的代码，最后得到的结果为 3，是不小于 2.9 的最小整数值。

7.4.3 求最大整数值

与最小整数值对应的是最大整数值，比如，生成不大于 x 的最大整数值。在 SQL 中，我们使用的是 floor()函数，具体实现代码如下：

```
select floor(2.1)
```

运行上面的代码，最后得到的结果为 2，是不大于 2.1 的最大整数值。

7.4.4 随机数生成

所谓随机数，就是随机产生的数，在 SQL 中，我们使用 rand()函数来生成随机数，

rand()函数返回 0~1 范围内的一个随机浮点数。

直接运行下面的代码，就会得到 0~1 范围内的一个随机浮点数，每次运行下面的代码，会得到不同的结果：

```
select rand()
```

如果我们要给每个 id 对应生成一个随机数，则可以通过如下代码实现：

```
select
    id
    ,rand() as "随机数"
from demo.chapter7
```

运行上面的代码，具体运行结果如下表所示。

id	随机数
E001	0.8765922886101457
E002	0.5102994865833776
E003	0.9217205978200963
E004	0.0777045600839933
E005	0.6233610376933226
E006	0.8836915389482785
E007	0.5483746123950692
E008	0.09079847586415567
E009	0.8088685728692157

读者运行上面的代码，也会得到每个 id 和它对应的随机数，但是具体的随机数的值和上面的结果是不一样的。

随机数生成还可以用在随机抽样中，比如，我们现在要从 9 个 id 中随机抽取出 3 个，现在每个 id 都有一个随机数，那么我们只需要把 id 按照随机数大小进行排序，最后前 3 行的数据就是我们随机抽样的结果。具体实现代码如下：

```
select
    id
    ,rand() as "随机数"
from demo.chapter7
order by rand()
limit 3
```

运行上面的代码，我们就会从 9 个 id 中随机抽取出 3 个，具体运行结果如下表所示。

id	随机数
E004	0.04553976938644402
E005	0.09745216844366134
E008	0.25233208318458134

7.4.5　小数点位数调整

我们平时会经常遇到各种小数，有的小数的小数点位数比较多，我们可以根据自己的需要进行调整。在 SQL 中，我们使用 round()函数来对小数点位数进行调整。具体实现代码如下：

```
select round(1.1111,2)
```

运行上面的代码，最后得到的结果为 1.11。

如果我们要对一整列的小数点位数进行调整，只需要把 1.1111 换成对应的列名，把 2 换成想要保留的小数点位数即可。

7.4.6　正负判断

有时候，我们要判断两个数的大小关系，可以对这两个数进行做差，然后根据差值进行正负判断，通过正负号就可以得到这两个数的大小关系。在 SQL 中，我们使用 sign()函数来进行正负判断。比如，我们要判断每个 id 对应的 sales_a 列和 sales_b 列的差值的正负，可以通过如下代码实现：

```
select
   id
   ,sales_a
   ,sales_b
   ,(sales_a - sales_b) as sales_a_b
   ,sign(sales_a - sales_b) as "正负"
from demo.chapter7
```

运行上面的代码，就会得到每个 id 对应的 sales_a 列和 sales_b 列的差值，以及差值的正负。如果差值为正，则结果为 1；如果差值为负，则结果为-1；如果差值为 0，则结果为 0。具体运行结果如下表所示。

id	sales_a	sales_b	sales_a_b	正负
E001	18	15	3	1
E002	12	17	−5	−1
E003	19	20	−1	−1
E004	12	14	−2	−1
E005	13	11	2	1
E006	16	16	0	0
E007	11	13	−2	−1
E008	14	18	−4	−1
E009	11	18	−7	−1

7.5 字符串运算

字符串运算也是比较常见的一种运算，字符串运算函数如下表所示。

函数	说明
replace(str,a,b)	将 str 字符串中的 a 替换成 b
concat(str1,str2,...,strn)	将 str1,str2,...,strn 合并为一个完整的字符串
concat_ws(s,str1,str2,...,strn)	将 str1,str2,...,strn 用连接符 s 合并为一个完整的字符串
left(str,n)	获取 str 字符串中最左边的 n 个字符
right(str,n)	获取 str 字符串中最右边的 n 个字符
substring(str,m,n)	获取 str 字符串中从 m 位置开始的长度为 n 的字符
ltrim(str)	去掉 str 字符串左边的空格
rtrim(str)	去掉 str 字符串右边的空格
trim(str)	去掉 str 字符串开头和结尾的空格
char_length(str)	返回 str 字符串的字符长度
length(str)	返回 str 字符串的字节长度
repeat(str,n)	将 str 字符串重复 n 遍

上表列举的字符串运算函数在 Excel 中基本也是相同的函数名及功能，读者可以自行尝试，这里主要讲解在 SQL 中的用法。

7.5.1 字符串替换

有时候，我们需要对一个长字符串中的某个或某些字符进行替换。在 SQL 中，我们使用的是 replace()函数，具体实现代码如下：

```
select replace("AaAaAa","A","a")
```

运行上面的代码，字符串 AaAaAa 中的所有 A 被替换成 a，最后得到的结果为 aaaaaa。

如果我们要对某一列中的每个值进行替换，比如，把 chapter7 表中 id 列的字符 E 替换成 e，具体实现代码如下：

```
select
    id
    ,replace(id,"E","e") as replace_id
from demo.chapter7
```

运行上面的代码，具体运行结果如下表所示。

id	replace_id
E001	e001
E002	e002
E003	e003
E004	e004
E005	e005

续表

id	replace_id
E006	e006
E007	e007
E008	e008
E009	e009

7.5.2 字符串合并

字符串合并就是将多个字符串合并成一个字符串，在 SQL 中，我们使用的是 concat()函数。

有的表中姓和名是分为两列存储的，所以我们需要将姓和名合并起来组成姓名，具体实现代码如下：

```
select concat("张","俊红")
```

运行上面的代码，最后得到的结果为张俊红。

如果将一张表中的两列或多列合并，则直接在 concat()函数的括号中指明要合并的列名即可，比如，将 chapter7 表中的 id 列和 name 列合并，具体实现代码如下：

```
select
    id
    ,name
    ,concat(id,name) as id_name
from demo.chapter7
```

运行上面的代码，具体运行结果如下表所示。

id	name	id_name
E001	张通	E001 张通
E002	李谷	E002 李谷
E003	孙凤	E003 孙凤
E004	赵恒	E004 赵恒
E005	王娜	E005 王娜
E006	李伟	E006 李伟
E007	刘杰	E007 刘杰
E008	薛李	E008 薛李
E009	裴军	E009 裴军

有时候，我们想用固定的符号合并不同的字符串或列，这个时候就需要用到另一个函数 concat_ws()：

```
select
    id
    ,name
    ,concat_ws("-",id,name) as id_name
```

```
from demo.chapter7
```

运行上面的代码，具体运行结果如下表所示，id 列和 name 列之间就用"-"符号连接起来了。这里的"-"可以换成任意你想要的符号。

id	name	id_name
E001	张通	E001-张通
E002	李谷	E002-李谷
E003	孙凤	E003-孙凤
E004	赵恒	E004-赵恒
E005	王娜	E005-王娜
E006	李伟	E006-李伟
E007	刘杰	E007-刘杰
E008	薛李	E008-薛李
E009	裴军	E009-裴军

7.5.3 字符串截取

字符串截取就是从一个字符串中截取我们需要的部分字符，主要有左、中、右三种截取方式。

例如，现在有一个字符串 2019-10-01 12:30:21，如果我们只想要日期部分，那么可以截取这个字符串的左边部分；如果我们只想要时间部分，那么可以截取这个字符串的右边部分；如果我们只想要月份部分，那么就可以截取这个字符串的中间部分。

截取字符串的左边部分使用的是 left() 函数：

```
select left("2019-10-01 12:30:21",10)
```

上面的代码截取的是字符串左边的 10 个字符，即 2019-10-01。

截取字符串的右边部分使用的是 right() 函数：

```
select right("2019-10-01 12:30:21",8)
```

上面的代码截取的是字符串右边的 8 个字符，即 12:30:21。

截取字符串的中间部分使用的是 substring() 函数：

```
select substring("2019-10-01 12:30:21",6,2)
```

上面的代码表示从字符串的第 6 位开始截取，截取长度为 2 的字符，即 10。

如果要对某一列中的每个字符串进行对应的截取，只需要把上面的日期时间字符串换成对应的列名即可。

7.5.4 字符串匹配

字符串匹配常用在 where 中，用于筛选满足匹配规则的数据。在 SQL 中用于字符串匹配的是 like，like 在英文中除了喜欢的意思，还有长得像的意思。like 有两种匹配符号：%和_。%用于匹配任意长度的字符，可以是 0 个，而_用于匹配单个长度的字符。

比如，我们要把姓张的同学全部提取出来，假设名字列为 name，正常的名字都是先姓后名的，所以想要获取所有姓张的同学，只需要保证第一个字符是张，后面可以是任意长度的字符，具体实现代码如下：

```
select
    *
from
    demo.chapter7
where
    name like "张%"
```

再如，我们要把 name 列中包含凯的名字全部提取出来，只需要保证中间字符是凯，而前面和后面可以是若干个字符，具体实现代码如下：

```
select
    *
from
    demo.chapter7
where
    name like "%凯%"
```

又如，我们要获取 name 列中姓张的，且姓名为两个字的同学，可以通过如下代码实现：

```
select
    *
from
    demo.chapter7
where
    name like "张_"
```

上面举的例子都是获取 name 列中能匹配到的数据，如果我们想要获取匹配不到的数据，只需要把 like 换成 not like 即可。

比如，我们要获取非张姓同学的信息，可以通过如下代码实现：

```
select
    *
from
    demo.chapter7
where
    name not like "张%"
```

7.5.5　字符串计数

字符串计数就是统计一个字符串中包含多少个字符。在 SQL 中，我们使用的是 char_length()函数：

```
select char_length("sql")
select char_length("我爱学习")
```

分别运行上面的两行代码，运行第一行代码得到的结果为 3，运行第二行代码得到的结果为 4。

与 char_length()函数类似的一个函数是 length()，我们来看一下同样的字符串，使用 length()函数会得到什么结果：

```
select length("sql")
select length("我爱学习")
```

分别运行上面的两行代码，运行第一行代码得到的结果依旧为 3，但是运行第二行代码得到的结果却变成了 12。

我们可以看出，对于"sql"字符串，char_length()和 length()函数得到的结果是一样的。而对于"我爱学习"字符串，两个函数得到的结果却是不一样的。这是因为 char_length()函数是基于字符计数的，而 length()函数是基于字节计数的。

那什么是字符，什么又是字节呢？字符是由字节组成的。英文字母 1 个字符由 1 个字节组成；中文 1 个字符在 utf-8 编码环境下是由 3 个字节组成的，在 gbk 编码环境下是由 2 个字节组成的。这里是 utf-8 编码环境，所以使用 length()函数对于"我爱学习"字符串进行计数得到的结果为 12。

7.5.6　去除字符串空格

有的字符串中会因为各种原因出现空格，但是空格一般不是我们实际想要的数据，空格在一定程度上会导致数据结果出现偏差，比如，空格在字符计数的时候也被算作一个字符。所以我们需要对含有空格的字符串进行去除空格操作，有去除字符串左边的空格、去除字符串右边的空格、去除字符串两边的空格三种方式。具体实现代码如下：

```
select
   length(" abcdef ") as str_length
   ,length(ltrim(" abcdef ")) as lstr_length
   ,length(rtrim(" abcdef ")) as rstr_length
   ,length(trim(" abcdef ")) as tstr_length
```

运行上面的代码，具体运行结果如下表所示。

str_length	lstr_length	rstr_length	tstr_length
8	7	7	6

字符串" abcdef "两边各含有 1 个空格，所以该字符串总长度为 8；使用 ltrim()函数去掉左边的空格以后字符串长度变为 7；使用 rtrim()函数去掉右边的空格以后字符串长度也变为 7；使用 trim()函数去掉两边的空格以后，字符串长度变为 6。

7.5.7　字符串重复

字符串重复是将同一个字符串重复若干次后合并成一个字符串，在 SQL 中使用的是 repeat()函数。具体实现形式如下：

```
repeat(str,x) -- 返回字符串 str 重复 x 次的结果
```

我们来运行下面的代码：

```
select repeat("Sql",3)
```

上面的代码表示将字符串 Sql 重复 3 次以后合并成一个字符串输出，最后得到的结果为 SqlSqlSql。

7.6　聚合运算

聚合运算是指将多个值聚合在一起进行某种运算，比如，求和、求平均值等。

7.6.1　count()计数

count()函数是用来对多个非缺失值进行计数的，常用于查看表中某列有多少非空值，比如，我们要查看 chapter7 表中的 id 列一共有多少非空值，就可以使用 count()函数来实现，具体实现代码如下：

```
select
    count(id)
from demo.chapter7
```

运行上面的代码，最后得到的结果为 9。

如果我们想要查看 chapter7 表中一共有多少行，那么只需要把括号中的 id 换成*即可。读者可能会想，查看表中随便一列有多少行不就知道这张表一共有多少行了吗？多数情况下是可以的，但是如果这一列中有缺失值，那么数据就会变少，因为 count()函数是对非缺失值进行计数的。

```
select
    count(*)
from demo.chapter7
```

我们在前面说过，缺失值主要有三种表现形式：null、空格、空值。null 和空值是不算入计数的，而空格是算入计数的。

```
select count(" ")
```

运行上面的代码，最后得到的结果为 1，而运行下面的代码，最后得到的结果为 0。

```
select count(null)
```

有时候，表中某些列的值可能会重复，如果我们想得到删除重复值后的计数，则可以和前面学过的重复值处理相结合，即 count()函数和 distinct 相结合。比如，我们想查看 chapter7 表中产品 a 一共有几种销量水平，即对 sales_a 列删除重复值后的计数，具体实现代码如下：

```
select
    count(distinct sales_a)
from demo.chapter7
```

运行上面的代码，最后得到的结果为 7。

7.6.2 sum()求和

sum()函数主要用于对表中某列的所有值进行求和汇总，比如，我们要分别获取 chapter7 表中产品 a 和产品 b 的总销量，就可以使用 sum()函数，具体实现代码如下：

```
select
    sum(sales_a)
    ,sum(sales_b)
from demo.chapter7
```

运行上面的代码，具体运行结果如下表所示。

sum(sales_a)	sum(sales_b)
126	142

7.6.3 avg()求平均值

avg()函数主要用于对表中某列的所有值进行求平均值运算，比如，我们要分别获取 chapter7 表中产品 a 和产品 b 的平均销量，就可以使用 avg()函数，具体实现代码如下：

```
select
    avg(sales_a)
    ,avg(sales_b)
from demo.chapter7
```

运行上面的代码，具体运行结果如下表所示。

avg(sales_a)	avg(sales_b)
14.0000	15.7778

7.6.4 max()求最大值

max()函数主要用于获取表中某列的最大值，比如，我们要分别获取 chapter7 表中产品 a 和产品 b 的最高销量，就可以使用 max()函数，具体实现代码如下：

```
select
    max(sales_a)
    ,max(sales_b)
from demo.chapter7
```

运行上面的代码，具体运行结果如下表所示。

max(sales_a)	max(sales_b)
19	20

7.6.5 min()求最小值

min()函数与 max()函数相对应，用于获取表中某列的最小值，比如，我们要分别获取 chapter7 表中产品 a 和产品 b 的最低销量，就可以使用 min()函数，具体实现代码如下：

```
select
    min(sales_a)
    ,min(sales_b)
from demo.chapter7
```

运行上面的代码，具体运行结果如下表所示。

min(sales_a)	min(sales_b)
11	11

7.6.6 求方差

方差用于反映一组数据的离散程度，即波动程度，方差越大，说明数据波动越厉害，方差的计算公式如下：

$$\sigma^2 = \frac{\sum(X - \mu)^2}{N}$$

式中，X 为一组数据中的每个值，μ 为总体平均值，N 为总体数值个数。这个式子表示的就是一组数据中每个值与整组数据平均值之差的平方和，然后除以整组数据中的数值个数。

在实际工作中，一组数据的总体是比较难获得的，也就是说，我们看到的数据只是总体数据中的一部分，这个时候的数值个数就是 $N-1$，而不是 N。如果分母是 N，则表示总体方差；如果分母是 $N-1$，则表示样本方差。

在 SQL 中，求总体方差，使用的是 var_pop()函数；求样本方差，使用的是 var_samp()函数。具体实现代码如下：

```
select
```

```
    var_pop(sales_a)
    ,var_samp(sales_a)
from demo.chapter7
```

运行上面的代码，可以得到 sales_a 列的总体方差与样本方差，具体运行结果如下表所示。

var_pop(sales_a)	var_samp(sales_a)
8	9

7.6.7　求标准差

标准差是方差的开方，也是用于反映数据的离散程度的，读者可能会想，不是已经用方差来反映数据的离散程度了吗，为什么还要用标准差呢？那是因为方差虽然可以反映数据的离散程度，但是不具有实际业务意义。因为标准差与实际数据的单位是一致的，比如，中学生身高的标准差的单位是厘米，而方差是厘米的平方就比较难理解。

因为标准差是方差的开方，方差有总体方差和样本方差，所以标准差也有总体标准差和样本标准差。

在 SQL 中，求总体标准差，使用的是 std()函数；求样本标准差，使用的是 stddev_samp()函数。具体实现代码如下：

```
select
    std(sales_a)
    ,stddev_samp(sales_a)
from demo.chapter7
```

运行上面的代码，可以得到 sales_a 列的总体标准差与样本标准差，具体运行结果如下表所示。

std(sales_a)	stddev_samp(sales_a)
2.8284271247461903	3

7.6.8　聚合函数之间的运算

上面讲的聚合函数都是针对某一列进行聚合的，我们平常还会有针对多列进行聚合的需求，比如，我们要获取产品 a 和产品 b 的总销量，就需要先对 sales_a 列进行求和聚合运算，然后对 sales_b 列进行求和聚合运算，最后把聚合运算后的两个值进行求和聚合运算，就是产品 a 和产品 b 的总销量，具体实现代码如下：

```
select
    sum(sales_a) as a_group
    ,sum(sales_b) as b_group
    ,sum(sales_a) + sum(sales_b) as a_b_group
from demo.chapter7
```

运行上面的代码，具体运行结果如下表所示。

a_group	b_group	a_b_group
126	142	268

需要注意的是，我们在对聚合运算后的 sales_a 列和 sales_b 列进行求和聚合运算时，使用的是 sum(sales_a) + sum(sales_b)，而非 a_group + b_group，这是因为 a_group 和 b_group 是聚合运算后结果的别名，而非表中实际存在的列名，如果直接对二者进行求和聚合运算，程序则会报错，提示列名不存在。

第 8 章

控 制 函 数

本章所用到的数据如下表所示。

id	name	class	score
E001	张通	一班	98
E002	李谷	一班	68
E003	孙凤	一班	57
E004	赵恒	二班	47
E005	王娜	二班	84
E006	李伟	二班	70
E007	刘杰	三班	50
E008	薛李	三班	92
E009	裴军	三班	35

上表存储了每位同学的 id、name（姓名）、class（班级）和 score（成绩）四个字段。我们把上表中的数据存储在 demo 数据库的 chapter8 表中。

8.1　if()函数

对于 Excel 中的 if()函数，读者应该都比较熟悉了，SQL 中的 if()函数与 Excel 中的原理基本一样，也是用来对某一个条件进行判断的，这里的判断主要就是我们前面讲过的比较运算。如果条件满足，则返回一个值；如果条件不满足，则返回另一个值。具体实现形式如下：

```
if(condition,a,b)
```

如果 condition 为真，则返回 a 值，否则返回 b 值。判断流程如下图所示。

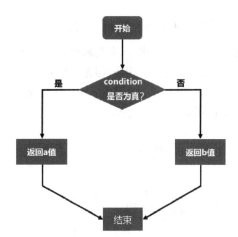

现在我们要对某个分数进行判断，如果分数大于或等于 60 分，则返回"及格"，否则返回"不及格"，可以通过如下代码实现：

```
select if(50>=60,"及格","不及格")
```

运行上面的代码，最后返回的结果为不及格。

如果我们要对表中某一列的每个值进行判断，只需要把上面代码中的 50 换成对应的列名即可，这样就是将该列中的每个值与 60 进行比较。比如，我们要对 chapter8 表中的每位同学的成绩进行判断，可以通过如下代码实现：

```
select
    id
    ,score
    ,if(score>=60,"及格","不及格") score_result
from demo.chapter8
```

运行上面的代码，就会得到每位同学的成绩及格或不及格的结果。

id	score	score_result
E001	98	及格
E002	68	及格
E003	57	不及格
E004	47	不及格
E005	84	及格
E006	70	及格
E007	50	不及格
E008	92	及格
E009	35	不及格

上面的例子利用的是简单的 if() 函数，if() 函数还可以进行嵌套，也就是 if() 函数中还是 if() 函数。比如，我们要对某个分数进行判断，如果小于 60 分，则返回不及格，如果不小于 60 分但是小于 80 分，则返回良好，否则返回优秀，可以通过如下代码实现：

```
select if(70<60,"不及格",if(70<80,"良好","优秀"))
```

上面的代码表示对分数 70 进行判断，先判断是否小于 60，如果小于，则返回不及格，否则执行后面的 if 语句，后面的 if 语句先判断是否小于 80，如果小于，则返回良好，否则返回优秀。因为 70 位于 60～80 之间，所以最后返回的结果为良好。我们可以用流程图来表示上面代码的执行过程。

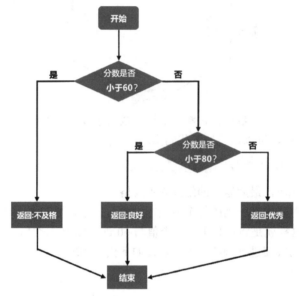

if 嵌套表面看上去很复杂，但是原理很简单，读者只需要弄清楚代码执行的先后顺序即可。

8.2　case when 函数

上面我们讲了多层 if 嵌套，就是先判断 condition 是否满足某个条件，如果满足，则返回一个值或进行下一个 if 判断；如果不满足，则返回一个值或进行下一个 if 判断。虽然多层嵌套的原理比较简单，但是如果层数太多，读者还是会容易写混的，基于此，就有了这一节要讲的 case when 函数。case when 函数主要有如下两种书写形式。

形式 1：

```
case 列名
    when 条件 1 then 返回值 1
    when 条件 2 then 返回值 2
    ……
    when 条件 n then 返回值 n
    else 返回默认值
end
```

形式 1 是对某一列进行多层判断，如果这一列中的值满足条件 1，则返回值 1；如果这一列中的值满足条件 2，则返回值 2；如果这一列中的值满足条件 n，则返回值 n；如果前面的 n 个条件都不满足，则返回指定的默认值；最后以 end 结束，且 end 一定要有。需要注意的是，形式 1 的条件只能是具体的值，而不能进行比较运算，如果进行比较运算会报错。

现在我们有这样一个需求，对 chapter8 表中 class 列的值进行替换，如果是一班，则返回 class1；如果是二班，则返回 class2；如果是三班，则返回 class3，否则返回其他。这个需求可以通过如下代码实现：

```
select
    id
    ,class
    ,(case class
        when "一班" then "class1"
        when "二班" then "class2"
        when "三班" then "class3"
        else "其他"
    end)class_result
from demo.chapter8
```

运行上面的代码，具体运行结果如下表所示。

id	class	class_result
E001	一班	class1
E002	一班	class1
E003	一班	class1
E004	二班	class2
E005	二班	class2
E006	二班	class2
E007	三班	class3
E008	三班	class3
E009	三班	class3

形式 2：

```
case
    when 列名满足条件 1 then 返回值 1
    when 列名满足条件 2 then 返回值 2
    ......
    when 列名满足条件 n then 返回值 n
    else 返回默认值
end
```

形式 1 不支持对列名进行比较运算，但是形式 2 是支持的，比如，前面讲过的多层 if 嵌套就可以通过形式 2 来实现，具体实现代码如下：

```
select
    id
    ,score
    ,(case
        when score < 60 then "不及格"
        when score < 80 then "良好"
        else "优秀"
    end)score_result
from demo.chapter8
```

运行上面的代码，具体运行结果如下表所示。

id	score	score_result
E001	98	优秀
E002	68	良好
E003	57	不及格
E004	47	不及格
E005	84	优秀
E006	70	良好
E007	50	不及格
E008	92	优秀
E009	35	不及格

在形式 2 中对列名进行比较运算时，我们除了可以利用小于运算，还可以利用在比较运算章节中介绍的其他运算，比如，我们可以把上面的多层 if 嵌套换一种实现方式来写，具体实现代码如下：

```
select
    id
    ,score
    ,(case
        when score between 0 and 59 then "不及格"
        when score between 60 and 79 then "良好"
        else "优秀"
    end)score_result
from demo.chapter8
```

利用 between 运算和利用小于运算得到的结果是一样的。

第 9 章

日期和时间函数

日期和时间函数是我们日常工作中使用频率比较高的一部分。这里需要强调的两个概念就是日期和时间，日期是指年月日，时间是指时分秒。

9.1 获取当前时刻的数据

获取当前时刻的数据就是获取程序运行的那一刻与时间相关的数据，比如，年月日、时分秒等。

9.1.1 获取当前时刻的日期和时间

对于获取当前时刻的日期和时间，在 Excel 中和在 SQL 中用的都是 now()函数。

在 Excel 中，如果要获取当前时刻的日期和时间，直接在指定单元格中输入 now()即可。而在 SQL 中，只需在 select 后面写上 now()即可，具体实现代码如下：

```
select now()
```

运行上面的代码就会得到程序运行这一刻的年月日、时分秒，比如，2019-12-25 22:47:37。

9.1.2 获取当前时刻的日期

now()函数获取的是当前时刻的日期和时间，有时候，我们可能只需要获取当前时刻的日期，并不需要获取当前时刻的时间，这个时候，在 SQL 中将 now()函数换成 curdate()函数，可以获取当前时刻的日期，具体实现代码如下：

```
select curdate()
```

运行上面的代码，即可得到当前时刻的日期：2019-12-25。

curdate()函数用于直接获取当前时刻的日期，我们也可以先通过 now()函数获取当前时刻的日期和时间，然后通过 date()函数将日期和时间转化为日期，具体实现代码如下：

```
select date(now())
```

运行上面的代码，会得到与使用 curdate()函数相同的结果。

我们也可以只获取日期中的年，使用的是 year()函数，具体实现代码如下：

```
select year(now())
```

运行上面的代码，最后得到的结果为 2019。

我们也可以只获取日期中的月，使用的是 month()函数，具体实现代码如下：

```
select month(now())
```

运行上面的代码，最后得到的结果为 12。

我们也可以只获取日期中的日，使用的是 day()函数，具体实现代码如下：

```
select day(now())
```

运行上面的代码，最后得到的结果为 25。

上面讲到的 date()、year()、month()、day()函数在 Excel 中的用法和在 SQL 中的是一致的，直接在单元格中输入对应的函数即可。

9.1.3 获取当前时刻的时间

我们除了有只获取当前时刻的日期的需求，还有只获取当前时刻的时间的需求。如果我们只想获取当前时刻的时间，只需要把 curdate()函数换成 curtime()函数即可，具体实现代码如下：

```
select curtime()
```

运行上面的代码，即可获取当前时刻的时间：22:47:37。

我们也可以先通过 now()函数获取当前时刻的日期和时间，然后通过 time()函数将日期和时间转化为时间，具体实现代码如下：

```
select time(now())
```

运行上面的代码，会得到与使用 curtime()函数相同的结果。

我们也可以只获取时间中的小时，使用的是 hour()函数，具体实现代码如下：

```
select hour(now())
```

运行上面的代码，最后得到的结果为 22。

我们也可以只获取时间中的分钟，使用的是 minute()函数，具体实现代码如下：

```
select minute(now())
```

运行上面的代码，最后得到的结果为 47。

我们也可以只获取时间中的秒，使用的是 second()函数，具体实现代码如下：

```
select second(now())
```

运行上面的代码，最后得到的结果为 37。

上面讲到的 hour()、minute()、second()函数在 Excel 中的用法和在 SQL 中的是一致的，直接在单元格中输入对应的函数即可。

9.1.4　获取当前时刻所属的周数

上面我们讲了如何获取当前时刻的日期和时间、日期、时间三部分。这一节我们来看下如何获取当前时刻所属的周数。我们一般会将全年分为 52 周（365/7），有时候也可能是 53 周，如果我们想查看当前时刻是全年中的第几周，可以使用 weekofyear()函数，具体实现代码如下：

```
select weekofyear(now())
```

运行上面的代码，最后得到的结果为 52。

如果在 Excel 中，想要获取当前时刻所属的周数，使用的是 weeknum()函数，不过需要注意的是，weeknum()函数默认星期日是一周中的第一天，比如，2019-12-29是星期日，如果星期一是一周中的第一天，则这一天是 52 周；如果星期日是一周中的第一天，则这一天是 53 周。在 weeknum()函数中除了可以输入日期，我们还可以指定让星期几当作一周中的第一天。

除了可以获取当前时刻是全年的第几周，我们还可以获取当天是一周中的星期几。在 SQL 中使用 dayofweek()函数，具体实现代码如下（以 2019-12-26 为例）：

```
select dayofweek(now())
```

运行上面的代码，最后得到结果为 5，2019-12-26 应该是星期四，为什么结果是5 呢？这是因为该函数默认一周是从星期日开始的，也就是星期日对应的是 1，星期一对应的是 2，以此类推，所以星期四对应的是 5。

如果在 Excel 中，想要获取当天是一周中的星期几时，使用的是 weekday()函数，当然，同 weeknum()函数一样，除了可以输入日期，我们还可以输入代表不同星期类型的参数值。

DATE	×	✓	fx	=WEEKDAY("2019-12-29",1

（Excel 截图显示 WEEKDAY 函数参数选项）

9.1.5 获取当前时刻所属的季度

除了看月、周维度，我们有时候还会看季度维度，很多公司会有季度任务、季度考核等。所以我们也需要获取当前时刻或某些时刻所属的季度。

全年一般分为四个季度，每个季度包括三个月，1~3 月是第一季度、4~6 月是第二季度、7~9 月是第三季度、10~12 月是第四季度。在 SQL 中，要获取某个时刻所属的季度使用的是 quarter()函数。具体实现代码如下：

```
select
    quarter("2019-01-01") as quarter_1
    ,quarter("2019-04-01") as quarter_2
    ,quarter("2019-07-01") as quarter_3
    ,quarter("2019-10-01") as quarter_4
```

运行上面的代码，就可以得到每个日期对应的季度，具体运行结果如下表所示。

quarter_1	quarter_2	quarter_3	quarter_4
1	2	3	4

9.2 日期和时间格式转换

我们知道，同一个日期和时间会有多种不同的表示方式，有时候需要在不同格式之间进行相互转换。

1. Excel 实现

在 Excel 中，当对一个单元格或者多个单元格中的日期格式进行转换时，先把要转换的单元格选中，然后右击，在弹出的快捷菜单中选择"设置单元格格式"命令，弹出"设置单元格格式"对话框，在"分类"列表框中选择"日期"，然后在右侧"类型"列表框中选择对应的类型即可。

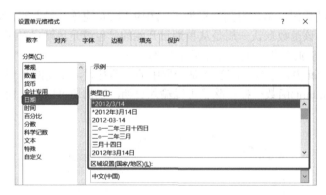

2. SQL 实现

在 SQL 中，我们使用的是 date_format()函数，date_format()函数的格式如下：

```
date_format(datetime,format)
```

其中，datetime 表示要转换的具体的日期和时间，format 表示要转换的格式，可选的格式如下表所示。

主题	格式	描述
年	%Y	4 位数字表示的年
月	%b	月份对应的英文缩写
月	%M	月份对应的英文全称
月	%m	以 01～12 的形式表示的月
月	%c	以 1～12 的形式表示的月
日	%d	以 01～31 的形式表示的某月中的第几天
日	%e	以 1～31 的形式表示的某月中的第几天
日	%D	用 th 后缀表示某月中的第几天
日	%j	以 001～366 的形式表示的一年中的第几天
周	%a	星期几对应的英文缩写
周	%W	星期几对应的英文全称
时	%H	以 00～23 的形式表示的小时
时	%h	以 01～12 的形式表示的小时
分	%i	以 00～59 的形式表示的分钟
秒	%S	以 00～59 的形式表示的秒
秒	%f	微秒
时分秒	%T	返回当前时刻的时分秒（hh:mm:ss）

具体实现代码如下：

```
select date_format("2019-12-25 22:47:37","%Y-%m-%d")
```

运行上面的代码，就会返回 4 位数字表示的年、以 01～12 的形式表示的月、以 01～31 的形式表示的某月中的第几天，且三者之间用 "-" 分隔，即 2019-12-25。

```
select date_format("2019-1-1 22:47:37","%Y-%m-%d")
```

这里需要注意的是，1 和 01 的区别，本质上都表示 1，但是展示上会有些不太一样，比如，上面的代码中，原始日期是 2019-1-1，但返回的结果是 2019-01-01。

```
select date_format("2019-12-25 22:47:37","%H:%i:%S")
```

运行上面的代码，就会返回以 00～23 的形式表示的小时、以 00～59 的形式表示的分钟、以 00～59 的形式表示的秒，且三者之间用 ":" 分隔，即 22:47:37。

除了 date_format()函数，还有另一个函数 extract()，用于返回一个具体日期和时间中的单独部分，比如，年、月、日、小时、分钟等。具体形式如下：

```
extract(unit from datetime)
```

其中，datetime 表示具体的日期和时间，unit 表示要从 datetime 中返回的单独的部分。unit 的取值如下表所示。

unit	说明
year	年
month	月
day	日
hour	小时
minute	分钟
second	秒
week	周数，全年第几周

具体实现代码如下：

```
select
    extract(year from "2019-12-25 22:47:37") as col1
    ,extract(month from "2019-12-25 22:47:37") as col2
    ,extract(day from "2019-12-25 22:47:37")  as col3
```

运行上面的代码，就会分别获取到 datetime 中的年、月、日，具体运行结果如下
下表所示。

col1	col2	col3
2019	12	25

9.3 日期和时间运算

有时候，我们也需要对日期和时间进行运算，比如，我们要获取今天之前的 7 天
对应的日期，或者今天之后的 13 天对应的日期，可以翻日历，也可以数数，但是这
些方法肯定都不是最简单的方法。所以需要对日期和时间进行运算。

9.3.1 向后偏移日期和时间

比如，我们要获取今天之后的 x 天对应的日期和时间，就相当于在今天日期和时
间的基础上加 x 天，我们把这称为向后偏移。

1．Excel 实现

在 Excel 中，如果要对日期和时间进行向后偏移，直接在原日期和时间上加偏移
量即可，默认的偏移单位是天，如果要偏移其他单位，与天进行切换即可。比如，偏
移 1 年，直接加 365 天即可；偏移 1 月，直接加 30 天即可；偏移 1 小时，直接加 1/24
即可；偏移 1 分钟，直接加 1/24/60 即可，1/24 表示 1 小时，再除以 60 就是 1 分钟。

日期和时间	公式	日期类型
2020/1/11 10:05	=NOW()	原日期和时间
2021/1/10 10:05	=B2+365	向后偏移1年
2020/2/10 10:05	=B2+30	向后偏移1月
2020/1/12 10:05	=B2+1	向后偏移1天
2020/1/11 11:05	=B2+1/24	向后偏移1小时
2020/1/11 10:06	=B2+1/24/60	向后偏移1分钟

2. SQL 实现

在 SQL 中实现向后偏移我们可以使用 date_add() 函数，具体形式如下：

```
date_add(date,interval num unit)
```

其中，date 表示当前的日期，或者当前的日期和时间；interval 是一个固定的参数；num 为上面讲到的 x；unit 表示要加的单位，是往后移动 7 天、7 月还是 7 年，可选值与 extract() 函数中 unit 的可选值是一样的。

具体实现代码如下：

```
select
    "2019-01-01" as col1
    ,date_add("2019-01-01",interval 7 year) as col2
    ,date_add("2019-01-01",interval 7 month) as col3
    ,date_add("2019-01-01",interval 7 day) as col4
```

运行上面的代码，就会返回 2019-01-01 往后 7 年、7 月、7 天对应的日期，具体运行结果如下表所示。

col1	col2	col3	col4
2019-01-01	2026-01-01	2019-08-01	2019-01-08

然后运行如下代码：

```
select
    "2019-01-01 01:01:01" as col1
    ,date_add("2019-01-01 01:01:01",interval 7 hour) as col2
    ,date_add("2019-01-01 01:01:01",interval 7 minute) as col3
    ,date_add("2019-01-01 01:01:01",interval 7 second) as col4
```

运行上面的代码，就会返回 2019-01-01 01:01:01 往后 7 小时、7 分钟、7 秒对应的日期和时间，具体运行结果如下表所示。

col1	col2	col3	col4
2019-01-01 01:01:01	2019-01-01 08:01:01	2019-01-01 01:08:01	2019-01-01 01:01:08

9.3.2　向前偏移日期和时间

有向后偏移，就会有向前偏移。比如，我们要获取今天之前的若干天，就是相当于在当前日期的基础上减去 x 天。

1. Excel 实现

在 Excel 中，对指定日期和时间向前偏移与向后偏移的原理是一样的，把向后偏移中的加号（+）换成减号（-）即可。

2. SQL 实现

在 SQL 中向前偏移我们使用的是 date_sub()函数，date_sub()函数与 date_add()函
数的形式是一样的。把上一节代码中的 date_add()换成 date_sub()就表示向前偏移。具
体实现代码如下：

```
select
    "2019-01-01" as col1
    ,date_sub("2019-01-01",interval 7 year) as col2
    ,date_sub("2019-01-01",interval 7 month) as col3
    ,date_sub("2019-01-01",interval 7 day) as col4
```

运行上面的代码，就会返回 2019-01-01 往前 7 年、7 月、7 天对应的日期，具体
运行结果如下表所示。

col1	col2	col3	col4
2019-01-01	2012-01-01	2018-06-01	2018-12-25

向前偏移指定的日期和时间，我们除了使用 date_sub()函数，还可以继续使用
date_add()函数，只需要把加的具体 num 值换成负数即可，比如，7 换成-7，具体实现
代码如下：

```
select
    "2019-01-01" as col1
    ,date_add("2019-01-01",interval -7 year) as col2
    ,date_add("2019-01-01",interval -7 month) as col3
    ,date_add("2019-01-01",interval -7 day) as col4
```

运行上面的代码，与使用 date_sub()函数得出的结果是一致的。

9.3.3 两个日期之间做差

除了向前偏移、向后偏移，有时候，我们还需要获取两个日期之差。

1. Excel 实现

在 Excel 中，如果要对两个日期做差，直接用一个日期减去（-）另一个日期即可，
返回的是两个日期之间的天数之差，天数有时会带小数点，整数部分代表完整的天数
差，小数部分根据天的单位进行换算。具体形式如下：

```
=end_date - start_date
```

比如，两个日期做差的结果为 1.01388888889051，其中，1 表示两个日期之间差
完整的 1 天，后面的小数部分说明不满 1 天，该小数乘 24 表示差的小时数，乘 1440
（24×60）表示差的分钟数，乘 86 400（24×60×60）表示差的秒数。

```
2020/1/2  10:20:00 - 2020/1/1  10:00:00 = 1.01388888889051
```

2. SQL 实现

在 SQL 中两个日期之间做差我们使用的是 datediff() 函数，datediff() 函数用于返回两个日期之间相差的天数，具体形式如下：

```
datediff(end_date,start_date)
```

上面的代码表示 end_date 减去 start_date。具体实现代码如下：

```
select datediff("2019-01-07","2019-01-01")
```

运行上面的代码，会返回 2019-01-07 与 2019-01-01 之间的天数差，结果为 6。

9.3.4　两个日期之间的比较

有时候，我们也需要对两个日期进行比较，比如，把大于某个日期的订单全部筛选出来。两个日期之间的比较与两个数字之间的比较是一样的，前面讲的比较运算符都可以用在日期比较中。具体实现代码如下：

```
select
    "2019-01-01" > "2019-01-02" as col1
    ,"2019-01-01" < "2019-01-02" as col2
    ,"2019-01-01" = "2019-01-02" as col3
    ,"2019-01-01" != "2019-01-02" as col4
```

上面的代码对 2019-01-01 和 2019-01-02 两个日期进行了各种比较运算。运行上面的代码，具体运行结果如下表所示。

col1	col2	col3	col4
0	1	0	1

0 表示错误，1 表示正确。比如，2019-01-01 大于 2019-01-02 是错误的，所以返回 0；而小于就是正确的，所以返回 1。

第 10 章

数据分组与数据透视表

本章所用到的数据如下表所示。

shop	city	province	sales
F1	杭州	浙江省	1
A1	北京	北京	2
A2	北京	北京	3
A3	北京	北京	4
B	泉州	福建省	5
D	成都	四川省	6
F2	杭州	浙江省	7
C	厦门	福建省	8
E	绵阳	四川省	9

上表（全国店铺销量明细表）存储了 shop（全国每个店铺）、city（店铺对应的城市）、province（城市所属的省份）和 sales（店铺在一段时间内的整体销量）四个字段。我们把上表中的数据存储在 demo 数据库的 chapter10_1 表中。

10.1 group by 的底层原理

group 的汉语意思表示组别，by 是介词，表示通过×××，组合在一起就表示通过×××进行分组。在 SQL 中 group by 的作用是通过×××对数据进行分组，将相同的部分分在一个组，这里的×××一般是某一列或者某几列。

比如，现在我们将全国的店铺销量明细表按照 province 列进行分组，将同一个省份的店铺数据分在一个组，就可以利用 group by。分组前后的结果如下所示。

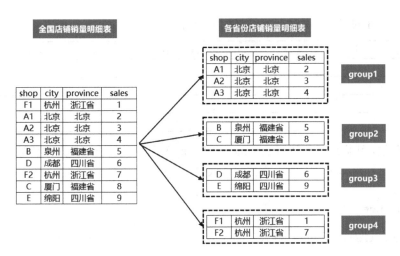

上面展示了 group by 的一个分组过程，当然这个过程在实际运行中是不会展示出来的，只是为了便于读者理解。

在将表按照某列或者某几列进行分组时，只需要在表后面通过 group by 指明具体的列名即可。

将 table 表按照 col1 列进行分组，具体实现代码如下：

```
from
    table
group by col1
```

将 table 表按照 col1、col2 列进行分组，具体实现代码如下：

```
from
    table
group by col1,col2
```

10.2　对分组后的数据进行聚合运算

我们在前面讲过聚合函数是针对某列数据进行汇总运算的，除此之外，聚合函数还可以针对分组内的数据进行聚合运算，比如，我们要获取每个省份的店铺总销量，需要先对 province 列进行分组，然后对各个组内的 sales 列进行求和聚合运算，具体实现代码如下：

```
select
    province
    ,sum(sales) as sum_sales
from
    demo.chapter10_1
group by
    province
```

运行上面的代码，具体运行结果如下表所示。

province	sum_sales
北京	9
福建省	13
四川省	15
浙江省	8

有时候，我们还需要按照 province 列和 city 列同时进行分组，并对分组后的 sales 列的数据进行求和聚合运算，具体实现代码如下：

```
select
    province
    ,city
    ,sum(sales) as sum_sales
from
    demo.chapter10_1
group by
    province
    ,city
```

运行上面的代码，具体运行结果如下表所示。

province	city	sum_sales
北京	北京	9
福建省	泉州	5
福建省	厦门	8
四川省	成都	6
四川省	绵阳	9
浙江省	杭州	8

我们还可以同时对组内数据进行多个聚合运算，比如，对 sales 列进行求和聚合运算，对 shop 列进行计数聚合运算，具体实现代码如下：

```
select
    province
    ,city
    ,sum(sales) as sum_sales
    ,count(shop) as count_shop
from
    demo.chapter10_1
group by
    province
    ,city
```

运行上面的代码，具体运行结果如下表所示。

province	city	sum_sales	count_shop
北京	北京	9	3
福建省	泉州	5	1
福建省	厦门	8	1
四川省	成都	6	1
四川省	绵阳	9	1
浙江省	杭州	8	2

针对某列进行的聚合运算，在组内也可以实现，比如，在组内求最值也是可以的。

在使用 group by 的过程中，以下两点是人们比较常犯的错误，读者需要注意。

（1）除参加聚合运算的列外，要在 select 中查询的列必须先通过 group by 进行分组，因为没有进行分组的列是不会直接展示出来的，这些列只是在背后等着参与聚合运算，直接 select 这些列是查找不到的。

（2）group by 后面的列名必须是原始表中的列名，而不能是 select 过程中起的别名。

10.3　对聚合后的数据进行条件筛选

有时候，聚合出来的数据并不都是我们想要的，我们在前面讲过如何利用 where 来筛选满足条件的行，where 是针对原始表进行条件筛选的，对聚合后的数据是无效的，但我们又有对聚合后的数据进行条件筛选的需求，这个时候就可以使用 having。比如，我们要筛选出店铺销量大于 10 的省份，可以通过如下代码实现：

```
select
    province
    ,sum(sales) as sum_sales
from
    demo.chapter10_1
group by
    province
having
    sum(sales) > 10
```

运行上面的代码，就可以把店铺销量大于 10 的省份，以及对应的销量筛选出来，具体运行结果如下表所示。

province	sum_sales
福建省	13
四川省	15

在上面代码中，having 后面的 sum(sales)也可以换成别名 sum_sales，得到的结果是一样的。读者可能会有疑惑，为什么 having 后面可以使用别名，而 group by 后面不可以使用别名呢？这就涉及了 SQL 语句的执行顺序，group by 的执行顺序是先于组内

聚合运算及其对应的别名生成的，所以不能使用别名，因为别名还没有生成。而 having
的执行顺序是落后于组内聚合运算及其对应的别名生成的，所以可以使用别名。

10.4 group_concat()函数

下表记录了每位同学的 id，以及在过去一年中对应的每次模拟考试成绩，每位同
学对应的每次模拟考试成绩是一行，我们把这张表存储在 demo 数据库的 chapter10_4
表中。

id	score
1	79
2	85
3	53
1	61
2	71
3	88
1	71
2	66
3	97

现在我们有这样一个需求，将每位同学的模拟考试成绩从多行合并成一行，且放
在一个单元格内，值与值之间用半角逗号分隔。

这个时候就可以使用 group_concat()函数来实现，group_concat()函数可以理解成
group by 和 concat 的组合，作用是对组内的字符串进行连接，具体实现代码如下：

```
select
    id
    ,group_concat(score) score_group
from
    demo.chapter10_4
group by
    id
```

上面的代码表示先对 chapter10_4 表中的数据按照 id 列进行分组，然后对组内的
score 列进行合并。运行上面的代码，具体运行结果如下表所示。

id	score_group
1	79,61,71
2	85,71,66
3	53,88,97

group_concat()函数一般需要与 group by 结合使用。

10.5　rollup

有时候，我们还会有这样的需求，就是根据不同维度进行分组聚合，然后将分组聚合后的数据汇总到同一张表中，比如，按照 province 列进行分组得到每个省份的店铺总销量，然后按照 city 列进行分组得到每个城市的店铺总销量，最后将二者合并到一张表中，这个过程我们可以通过如下代码实现。

我们先获取每个省份的店铺总销量，具体实现代码如下：

```
select
    province
    ,null as city
    ,sum(sales) as sum_sales
from
    demo.chapter10_1
group by
    province
```

上面的代码中增加了一列 null 值是为了便于与后面的 province 列和 city 列在纵向合并时实现列与列对齐。

然后获取每个城市的店铺总销量，具体实现代码如下：

```
select
    province
    ,city
    ,sum(sales) as sum_sales
from
    demo.chapter10_1
group by
    province
    ,city
```

接着将上面得到的数据进行纵向合并，使用的是 union all，关于 union，后续章节会详细介绍：

```
select
    province
    ,null as city
    ,sum(sales) as sum_sales
from
    demo.chapter10_1
group by
    province

union all

select
    province
    ,city
```

```
   ,sum(sales) as sum_sales
from
   demo.chapter10_1
group by
   province
   ,city
```

运行上面的代码，具体运行结果如下表所示。

province	city	sum_sales
北京	null	9
福建省	null	13
四川省	null	15
浙江省	null	8
北京	北京	9
福建省	泉州	5
福建省	厦门	8
四川省	成都	6
四川省	绵阳	9
浙江省	杭州	8

如果我们要查看每个省份的数据，只需要让 city 列不为 null，然后查看 province 列对应的销量即可；如果我们要查看每个城市的数据，直接查看 city 列不为 null 的部分对应的销量即可。

上面的需求还有一种更便捷的实现方式，就是使用 rollup，在 group by 的具体列名后面加上 with rollup 即可，具体实现代码如下：

```
select
   province
   ,city
   ,sum(sales) as sum_sales
from
   demo.chapter10_1
group by
   province,city with rollup
```

运行上面的代码，会生成各个城市、各个省份及全国汇总的店铺销量数据，具体运行结果如下表所示。

province	city	sum_sales
北京	北京	9
北京	null	9
四川省	成都	6
四川省	绵阳	9
四川省	null	15

province	city	sum_sales
浙江省	杭州	8
浙江省	null	8
福建省	厦门	8
福建省	泉州	5
福建省	null	13
null	null	45

上表中 province 列和 city 列同时为 null 的表示全国汇总的店铺销量数据，province 列不为 null 而 city 列为 null 的表示各个省份汇总的店铺销量数据，province 列和 city 列都不为 null 的表示各个城市汇总的店铺销量数据。

10.6　数据透视表实现

数据透视表是 Excel 中比较常用的也是比较重要的一个功能，资深数据分析人员应该对 Excel 中的数据透视表很熟悉了，Excel 中数据透视表的核心其实就是下图中的四部分：筛选，要筛选哪些数据参与数据透视表；行，要让哪些字段作为行；列，要让哪些字段作为列；值，要让哪些字段进行聚合运算。数据透视表的核心原理其实就是按照行、列同时分组，然后对同时满足行、列条件的值进行某种聚合运算。

现在有如下所示的一张表，存储了 order_id、price、deal_date、area 四个字段。我们把这张表中的数据存储在 demo 数据库的 chapter10_7 表中。

order_id	price	deal_date	area
S001	10	2019/1/1	A 区
S002	20	2019/1/1	B 区
S003	30	2019/1/1	C 区
S004	40	2019/1/2	A 区
S005	10	2019/1/2	B 区

续表

order_id	price	deal_date	area
S006	20	2019/1/2	C 区
S007	30	2019/1/3	A 区
S008	40	2019/1/3	C 区

　　如果领导想看一下每天每个区域的订单量，是很简单的，直接按照日期和区域同时进行分组即可，但是这样得出的结果是每天每个区域放于一行（下表 Before 样式），不利于直接查看。所以最好可以制作成下表所示的 After 样式，也就是数据透视表的样式，在 Excel 中很好实现，直接把 deal_date 字段拖到行区域，把 area 字段拖到列区域，把 order_id 字段拖到值区域，然后对 order_id 字段进行计数聚合运算。

Before

deal_date	area	sales
2019/1/1	A区	1
2019/1/1	B区	1
2019/1/1	C区	1
2019/1/2	A区	1
2019/1/2	B区	1
2019/1/2	C区	1
2019/1/3	A区	1
2019/1/3	C区	1

After

	A区	B区	C区
2019/1/1	1	1	1
2019/1/2	1	1	1
2019/1/3	1	0	1

　　在 SQL 中，我们要实现数据透视表需要使用 group by 与 case when 两者组合的形式，具体实现代码如下：

```
select
    deal_date
    ,count(case when area = "A 区" then order_id end) as "A 区"
    ,count(case when area = "B 区" then order_id end) as "B 区"
    ,count(case when area = "C 区" then order_id end) as "C 区"
from
    demo.chapter10_7
group by deal_date
```

　　运行上面的代码，就可以得到 After 样式的结果。

第 11 章

窗 口 函 数

11.1 什么是窗口函数

窗口函数与数据分组类似，但是比数据分组的功能丰富。数据分组是将组内多个数据聚合成一个值，而窗口函数除了可以将组内数据聚合成一个值，还可以保留原始的每条数据。只看概念，可能读者还是不容易理解，我们直接来看具体的例子。

本章所用到的数据如下表所示。

shopname	sales	sale_date
A	1	2020/1/1
B	3	2020/1/1
C	5	2020/1/1
A	7	2020/1/2
B	9	2020/1/2
C	2	2020/1/2
A	4	2020/1/3
B	6	2020/1/3
C	8	2020/1/3

上表存储了 shopname（每个店铺的名称）、sales（销量）和 sale_date（销售日期）三个字段。我们把这张表中的数据存储在 demo 数据库的 chapter11 表中。

11.2 聚合函数+over()函数

现在我们想看一下每个店铺每天的销量与这张表中全部销量的平均值之间的情况，每个店铺每天的销量比较好获取，因为 chapter11 表本身就存储了每个店铺每天的销量，直接查询就可以。这张表中全部销量的平均值也好获取，直接针对全表进行求平均值聚合运算就可以。但是如何把这两个结果放在一起呢？

我们在前面讲过如何在查询结果中插入一列固定值。这里全部销量的平均值其实就是一个固定值，只不过这个固定值是一个查询出来的固定值，而不是输入的一个常数。具体实现代码如下：

```
select
    shopname
    ,sales
    ,sale_date
    ,(select avg(sales) from demo.chapter11) as avg_sales
from
    demo.chapter11
```

运行上面的代码，可以得到每个店铺每天的销量及全部销量的平均值，具体运行结果如下表所示。

shopname	sales	sale_date	avg_sales
A	1	2020-01-01	5.0000
B	3	2020-01-01	5.0000
C	5	2020-01-01	5.0000
A	7	2020-01-02	5.0000
B	9	2020-01-02	5.0000
C	2	2020-01-02	5.0000
A	4	2020-01-03	5.0000
B	6	2020-01-03	5.0000
C	8	2020-01-03	5.0000

上面的代码虽然可以实现我们的需求，但是略显烦琐，我们可以使用窗口函数中的 over()函数轻松实现上面的需求，只需要在聚合函数后面加一个 over()函数即可，具体实现代码如下：

```
select
    shopname
    ,sales
    ,sale_date
    ,avg(sales) over() as avg_sales
from
    demo.chapter11
```

运行上面的代码，得到的结果与运行第一种代码完全一样。over()函数的作用是将聚合结果显示在每条单独的记录中。

11.3 partition by 子句

上一节展示的是每个店铺每天的销量与全部销量的平均值之间的比较，如果店铺之间的差异不是特别大，与全部销量的平均值可能还具有可比性，但如果店铺之间本身差异过大，可能就不具有可比性了，这个时候店铺就需要和自己去比较了，即每个店铺每天的销量和表中自己店铺的所有销量的平均值进行比较，其实就是按照店铺进行分组，然后在组内进行平均值聚合运算。

上面的需求涉及两部分：一部分是每个店铺每天的销量，另一部分是每个店铺所有销量的平均值。这两部分需求分开实现读者应该都会，但是，如何把这两部分结合起来呢？其实，这涉及了后面要讲的多表连接部分，具体实现代码如下：

```
select
    chapter11.shopname
    ,chapter11.sales
    ,chapter11.sale_date
    ,avg_table.avg_sales
from
    demo.chapter11

left join

(select
    shopname
    ,avg(sales) as avg_sales
from
    demo.chapter11
group by
    shopname)avg_table
on chapter11.shopname = avg_table.shopname
```

如果读者看不懂上面的代码，可以先略过，学完后面的多表连接部分再回来看这里。运行上面的代码，最后会得到每个店铺每天的销量，以及该店铺自己所有销量的平均值，具体运行结果如下表所示。

shopname	sales	sale_date	avg_sales
A	1	2020-01-01	4.0000
B	3	2020-01-01	6.0000
C	5	2020-01-01	5.0000
A	7	2020-01-02	4.0000
B	9	2020-01-02	6.0000
C	2	2020-01-02	5.0000
A	4	2020-01-03	4.0000
B	6	2020-01-03	6.0000
C	8	2020-01-03	5.0000

上面的代码虽然运行出结果了，但是依旧很烦琐，有没有像 11.2 节中讲的那种简便的方法呢？答案是有的。11.2 节中针对全部销量数据进行求平均值聚合运算，然后把结果显示在每条记录中，那么我们可以在哪里指定，让聚合运算在组内进行，而不是针对全部销量呢？答案是使用 partition by，partition by 的作用与 group by 类似，在 over()函数中使用 partition by 来指明要按照哪列进行分组，然后聚合函数就会在分好的组内进行聚合运算，此处按照 shopname 列进行分组，具体实现代码如下：

```
select
    shopname
    ,sales
    ,sale_date
    ,avg(sales) over(partition by shopname) as avg_sales
from
    demo.chapter11
```

运行上面的代码,得到的结果与运行第一种代码完全一样,但是代码简洁了很多。

11.4　order by 子句

通过前面两节内容的介绍,读者是不是已经感受到窗口函数的好处了? 我们继续深入。

11.2 节的例子是每个店铺每天的销量与全部销量的平均值之间的比较,11.3 节的例子是每个店铺每天的销量与该店铺自己所有销量的平均值之间的比较。按理来说,11.3 节中的实现方法是没有问题的,但是不够严谨,我们不能用未来的信息和现在的信息进行比较,这是什么意思呢? 比如,现在是 2020 年 1 月 2 日,在计算平均值的时候就不应该用 2020 年 1 月 3 日的数据,这就是所谓的不能用未来的信息。

总结一下,我们现在要获取的是每个店铺每天的销量与截至当天之前该店铺所有销量的平均值,这一块可能比较绕,读者好好理解下。比如,我们要获取店铺 A 在 2020 年 1 月 2 日的销量与平均值之间的对比情况,这里的平均值就是通过对店铺 A 在 2020 年 1 月 2 日之前所有的销量求平均值得到的,不包括 2020 年 1 月 2 日以后的。我们把这种聚合方式称为顺序聚合,使用的是 order by,利用 order by 对时间进行排序,具体实现代码如下:

```
select
    shopname
    ,sales
    ,sale_date
    ,avg(sales) over(partition by shopname order by sale_date) as
avg_sales
from
    demo.chapter11
```

运行上面的代码,具体运行结果如下表所示。

shopname	sales	sale_date	avg_sales
A	1	2020-01-01	1.0000
A	7	2020-01-02	4.0000
A	4	2020-01-03	4.0000
B	3	2020-01-01	3.0000
B	9	2020-01-02	6.0000
B	6	2020-01-03	6.0000

续表

shopname	sales	sale_date	avg_sales
C	5	2020-01-01	5.0000
C	2	2020-01-02	3.5000
C	8	2020-01-03	5.0000

店铺 A 在 2020 年 1 月 1 日的平均值就是它本身，在 1 月 2 日的平均值是 1 月 1 日与 1 月 2 日两天的平均值，在 1 月 3 日的平均值是 1 月 1 日、1 月 2 日、1 月 3 日三天的平均值。

前面讲的 over()、partition by、order by 使用的聚合函数都是求平均值运算，当然也可以使用其他聚合函数，读者根据自己的需要选择即可。

11.5　序列函数

序列函数是将数据整理成一个有序的序列，我们可以在这个序列中挑选我们想要的序列对应的数据。

11.5.1　ntile()函数

ntile()函数主要用于对整张表的数据进行切片分组，默认是在对表不进行任何操作之前进行切片分组，比如，现在整张表有 9 行数据，要分成 3 组，那么就是第 1~3 行为一组、第 4~6 行为一组、第 7~9 行为一组。我们将 chapter11 表切分成 3 组，具体实现代码如下：

```
select
    shopname
    ,sales
    ,sale_date
    ,ntile(3) over() as cut_group
from
    demo.chapter11
```

运行上面的代码，具体运行结果如下表所示。

shopname	sales	sale_date	cut_group
A	1	2020-01-01	1
B	3	2020-01-01	1
C	5	2020-01-01	1
A	7	2020-01-02	2
B	9	2020-01-02	2
C	2	2020-01-02	2
A	4	2020-01-03	3
B	6	2020-01-03	3
C	8	2020-01-03	3

对全表在不进行任何操作的情况下，按照从前往后分成若干组这种操作的一个使用场景就是针对全表进行随机分组。上面代码中 ntile()函数里面的 3 可以改成任何值。

前面讲的聚合函数可以针对全表进行聚合，也可以针对组内进行聚合，这里的切片分组也是一样的，也可以针对组内进行切片分组。比如，按照 shopname 列进行切片分组，具体实现代码如下：

```sql
select
    shopname
    ,sales
    ,sale_date
    ,ntile(3) over(partition by shopname) as cut_group
from
    demo.chapter11
```

运行上面的代码，就会在每个组（shopname）内进行分组，将各自组内的所有记录再切片分成三组，即店铺 A 中的所有记录被分成 3 组、店铺 B 中的所有记录被分成 3 组、店铺 C 中的所有记录被分成 3 组，具体运行结果如下表所示。

shopname	sales	sale_date	cut_group
A	1	2020-01-01	1
A	7	2020-01-02	2
A	4	2020-01-03	3
B	3	2020-01-01	1
B	9	2020-01-02	2
B	6	2020-01-03	3
C	5	2020-01-01	1
C	2	2020-01-02	2
C	8	2020-01-03	3

上面是按照表中的默认顺序依次进行切片分组的，我们也可以按照指定顺序进行切片分组，比如，在各个组内按照销量进行升序排列以后再进行切片分组，具体实现代码如下：

```sql
select
    shopname
    ,sales
    ,sale_date
    ,ntile(3) over(partition by shopname order by sales) as cut_group
from
    demo.chapter11
```

运行上面的代码，会先按照 shopname 列进行分组，然后在组内按照销量进行升序排列，最后进行切片分组，具体运行结果如下表所示。

shopname	sales	sale_date	cut_group
A	1	2020-01-01	1
A	4	2020-01-03	2
A	7	2020-01-02	3
B	3	2020-01-01	1
B	6	2020-01-03	2
B	9	2020-01-02	3
C	2	2020-01-02	1
C	5	2020-01-01	2
C	8	2020-01-03	3

11.5.2 row_number()函数

row_number 翻译过来是行数的意思，row_number()函数就是用来生成每条记录对应的行数的，即第几行。行数是按照数据存储的顺序进行生成的，且从 1 开始。

因为行数是按照数据存储顺序生成的，所以一般 row_number()函数与 order by 结合使用，此时的行数就表示排序，需要注意的是，row_number()函数的结果中不会出现重复值，即不会出现重复的行数，如果有两个相同的值，会按照表中存储的顺序来生成行数。

如果我们要获取全表中销量的升序排列结果，则可以使用 row_number()函数，具体实现代码如下：

```
select
    shopname
    ,sales
    ,sale_date
    ,row_number() over(order by sales) as rank_num
from
    demo.chapter11
```

运行上面的代码，我们就可以得到全表中每个店铺每天的销量在表中的一个升序排列结果，具体运行结果如下表所示。

shopname	sales	sale_date	rank_num
A	1	2020-01-01	1
C	2	2020-01-02	2
B	3	2020-01-01	3
A	4	2020-01-03	4
C	5	2020-01-01	5
B	6	2020-01-03	6
A	7	2020-01-02	7
C	8	2020-01-03	8
B	9	2020-01-02	9

有时候，我们的需求可能是获取各自组内的一个排名结果，这个时候就需要用到 partition by，具体实现代码如下：

```
select
    shopname
    ,sales
    ,sale_date
    ,row_number() over(partition by shopname order by sales) as rank_num
from
    demo.chapter11
```

运行上面的代码，就会得到每个店铺在不同时间的销量对应的排名，具体运行结果如下表所示。

shopname	sales	sale_date	rank_num
A	1	2020-01-01	1
A	4	2020-01-03	2
A	7	2020-01-02	3
B	3	2020-01-01	1
B	6	2020-01-03	2
B	9	2020-01-02	3
C	2	2020-01-02	1
C	5	2020-01-01	2
C	8	2020-01-03	3

我们可以根据需要对上面的 rank_num 列进行筛选，比如，让 rank_num = 1，即获取每个店铺销量最差的一天。

11.5.3 lag()和 lead()函数

lag 的英文意思是滞后，而 lead 的英文意思是超前。对应的 lag()函数是让数据向后移动，而 lead()函数是让数据向前移动。什么是向前移动，什么是向后移动，读者可能不太理解，我们来看一个实例。

如果我们现在想获取每个店铺本次销量与它前一次销量之差，只需要把该店铺的销量数据全部向后移动 1 行，这样本次销量数据就与前一次销量数据处于同一行，然后就可以直接做差进行比较了，具体实现代码如下：

```
select
    shopname
    ,sales
    ,sale_date
    ,lag(sales,1) over(partition by shopname order by sale_date) lag_value
from
    demo.chapter11
```

在上面的代码中，我们先对全表数据按照 shopname 列进行分组，然后在组内按照销售日期进行排序，因为我们是将每个店铺的本次销量与它的前一次销量进行比较，所以需要再将分组排序后的数据整体向后移动 1 行。运行上面的代码，具体运行结果如下表所示。

shopname	sales	sale_date	lag_value
A	1	2020-01-01	null
A	7	2020-01-02	1
A	4	2020-01-03	7
B	3	2020-01-01	null
B	9	2020-01-02	3
B	6	2020-01-03	9
C	5	2020-01-01	null
C	2	2020-01-02	5
C	8	2020-01-03	2

lag(sales,1) 表示将 sales 列向后移动 1 行，当然我们也可以选择将其他列向后移动 n 行。

如果我们想获取每个店铺本次销量与它后一次销量之差，只需要把该店铺的销量数据全部向前移动 1 行即可，这样本次销量数据就与后一次销量数据处于同一行，然后就可以直接做差进行比较了，在代码实现上，只需要把上面代码中的 lag 换成 lead 即可，具体如下：

```
select
    shopname
    ,sales
    ,sale_date
    ,lead(sales,1) over(partition by shopname order by sale_date)
lead_value
from
    demo.chapter11
```

运行上面的代码，具体运行结果如下表所示。

shopname	sales	sale_date	lead_value
A	1	2020-01-01	7
A	7	2020-01-02	4
A	4	2020-01-03	null
B	3	2020-01-01	9
B	9	2020-01-02	6
B	6	2020-01-03	null
C	5	2020-01-01	2
C	2	2020-01-02	8
C	8	2020-01-03	null

11.5.4　first_value()和 last_value()函数

first_value 和 last_value 顾名思义，就是第一个值和最后一个值，但又不是完全意义上的第一个或最后一个，而是截至当前行的第一个或最后一个。类似于前面讲过的顺序聚合。

比如，我们现在想获取每个店铺的最早销售日期和截至当前最后一次销售日期，通过这两个指标来反映店铺的营业时间，可以直接借助 first_value()和 last_value()函数，具体实现代码如下：

```
select
    shopname
    ,sale_date
    ,sales
    ,first_value(sale_date)  over(partition  by  shopname  order  by
sale_date) as first_date
    ,last_value(sale_date)  over(partition  by  shopname  order  by
sale_date) as last_date
from
    demo.chapter11
```

在上面的代码中，我们先对店铺进行分组，然后在组内根据销售日期进行排序，最后通过 first_value()和 last_value()函数来获取每个店铺的最早销售日期和截至当前最后一次销售日期。运行上面的代码，具体运行结果如下表所示。

shopname	sales	sale_date	first_date	last_date
A	1	2020-01-01	2020-01-01	2020-01-01
A	7	2020-01-02	2020-01-01	2020-01-02
A	4	2020-01-03	2020-01-01	2020-01-03
B	3	2020-01-01	2020-01-01	2020-01-01
B	9	2020-01-02	2020-01-01	2020-01-02
B	6	2020-01-03	2020-01-01	2020-01-03
C	5	2020-01-01	2020-01-01	2020-01-01
C	2	2020-01-02	2020-01-01	2020-01-02
C	8	2020-01-03	2020-01-01	2020-01-03

第 12 章

多 表 连 接

前面我们讲的知识点都是针对一张表进行操作的，但是在实际工作中，不同主题的数据往往是存储在不同表中的，比如，用户表中只会存储与用户相关的信息，订单表中只会存储与订单相关的信息，但是如果我们想要获取用户的某些订单信息的时候，就需要将用户表和订单表进行连接才能够获取到。

12.1 表的横向连接

表的横向连接就是将两张甚至多张表在水平方向上根据一列或多列相同列进行连接。

在 Excel 中，如果要对两张表进行横向连接，需要借助 vlookup()函数来实现，vlookup()函数是 Excel 中比较常用的一个函数，读者应该比较熟悉，这里就不展开讲解了。我们主要看下在 SQL 中如何实现横向连接。

本章主要用到两张表：用户表和订单表。用户表存储了 userid（用户 ID）、sex（用户性别）、city_name（用户所在城市）和 level（用户会员等级）四个字段，具体数据如下表所示。

userid	sex	city_name	level
E001	男	北京	金牌
E002	男	上海	银牌
E003	女	北京	金牌
E004	男	泉州	铜牌
E005	女	厦门	银牌
E006	女	成都	金牌

订单表中存储了 userid（用户 ID）、first_time（用户首次购买的日期）、orders_7（用户最近 7 天购买数量）和 orders_14（用户最近 14 天购买数量）四个字段，具体数据如下表所示。

userid	first_time	orders_7	orders_14
E001	2019/1/2	5	11
E002	2019/5/1	7	14

续表

userid	first_time	orders_7	orders_14
E003	2018/12/31	6	13
E007	2019/2/5	9	12
E008	2019/1/5	10	13
E009	2019/2/20	7	14

我们把用户表中的数据存储在 demo 数据库的 chapter12_user 表中，把订单表中的数据存储在 demo 数据库的 chapter12_order 表中。

12.1.1 表连接的方式

在 SQL 中表的横向连接主要有 left join、right join、inner join、outer join 四种方式。

1. left join

left join 是左连接，左连接就是以左边的表为主表，然后将右边的表根据两张表的公共列往左边的表上连接。比如我们将 chapter12_user 表当作主表，放在左边，然后将 chapter12_order 表往左连接，两张表的公共列为 userid，具体实现代码如下：

```
select
    user_table.userid
    ,user_table.sex
    ,user_table.city_name
    ,user_table.level
    ,order_table.first_time
    ,order_table.orders_7
    ,order_table.orders_14
from
    demo.chapter12_user as user_table
left join
    demo.chapter12_order as order_table
on user_table.userid = order_table.userid
```

在进行表连接时，我们用 on 来指明两张表中的公共列。运行上面的代码，会得到左表中的全部信息、右表中的部分信息，具体运行结果如下表所示。

userid	sex	city_name	level	first_time	orders_7	orders_14
E001	男	北京	金牌	2019/1/2	5	11
E002	男	上海	银牌	2019/5/1	7	14
E003	女	北京	金牌	2018/12/31	6	13
E004	男	泉州	铜牌	null	null	null
E005	女	厦门	银牌	null	null	null
E006	女	成都	金牌	null	null	null

我们可以看出，E004、E005、E006 对应的 chapter12_user 表中的信息是完整的，但对应的 chapter12_order 表中的信息都是 null。这是因为这些 userid 在左表 chapter12_ user 中是存在的，而在右表 chapter12_order 中是不存在的，我们用的是以 chapter12_user 表为主表的左连接，左表就会根据与右表的公共列 userid 去右表中查找有没有相同的 userid，如果能查找到就把左、右表中的信息全部保存下来，如果查找不到就只保留左表中的信息，而右表中没有信息的部分则用 null 填充。

左表　　　　　　　　　　　　　右表

2. right join

right join 是右连接，右连接与左连接相对应。右连接是以右边的表为主表，然后将左边的表根据两张表的公共列往右边的表上连接。比如，我们将 chapter12_order 表当作主表，放在右边，然后将 chapter12_user 表往右连接，两张表的公共列为 userid，具体实现代码如下：

```
select
    user_table.sex
    ,user_table.city_name
    ,user_table.level
    ,order_table.userid
    ,order_table.first_time
    ,order_table.orders_7
    ,order_table.orders_14
from
    demo.chapter12_user as user_table
right join
    demo.chapter12_order as order_table
on user_table.userid = order_table.userid
```

运行上面代码，具体运行结果如下表所示。

sex	city_name	level	userid	first_time	orders_7	orders_14
男	北京	金牌	E001	2019/1/2	5	11
男	上海	银牌	E002	2019/5/1	7	14
女	北京	金牌	E003	2018/12/31	6	13
null	null	null	E007	2019/2/5	9	12
null	null	null	E008	2019/1/5	10	13
null	null	null	E009	2019/2/20	7	14

我们可以看出，E007、E008、E009 对应的 chapter12_order 表中的信息是完整的，但对应的 chapter12_user 表中的信息是 null。这是因为这些 userid 在右表中是存在的，而在左表中是不存在的，我们用的是以 chapter12_order 表为主表的右连接，右表就会根据与左表的公共列 userid 去左表中查找有没有相同的 userid，如果能查找到就把左、

右表中的信息全部保存下来，如果查找不到就只保留右表中的信息，而左表中没有信息的部分用 null 填充。

左表 　　　　　　　　　　　　　　　　　右表

3. inner join

inner join 是内连接，内连接是针对两张表取交集的，即获取公共列中都出现的值的信息。比如，我们将 chapter12_user 表与 chapter12_order 表进行内连接，两张表的公共列为 userid，具体实现代码如下：

```
select
    user_table.userid
    ,user_table.sex
    ,user_table.level
    ,order_table.first_time
    ,order_table.orders_7
    ,order_table.orders_14
from
    demo.chapter12_user as user_table
inner join
    demo.chapter12_order as order_table
on user_table.userid = order_table.userid
```

运行上面的代码，具体运行结果如下表所示。

userid	sex	level	first_time	orders_7	orders_14
E001	男	金牌	2019/1/2	5	11
E002	男	银牌	2019/5/1	7	14
E003	女	金牌	2018/12/31	6	13

我们可以看出，最后的结果只有 E001、E002、E003 对应的信息，且没有 null 值，这是因为这些 userid 在 chapter12_order 表和 chapter12_user 表中都存在，也就是这些 userid 可以在左、右两张表中被互相找到，而其他 userid 要么只在 chapter12_order 表中存在，要么只在 chapter12_user 表中存在，所以不在查询结果中。

左表 　　　　　　　　　　　　　　　　　右表

上面的代码还有另一种实现方式，具体实现代码如下：

```
select
    user_table.userid
    ,user_table.sex
    ,user_table.level
    ,order_table.first_time
    ,order_table.orders_7
    ,order_table.orders_14
from
    demo.chapter12_user as user_table
    ,demo.chapter12_order as order_table
where
    user_table.userid = order_table.userid
```

对于内连接，第一种代码和第二种代码得到的结果是一样的。第二种代码是比较古老的一种写法，对于内连接现在比较常用的也是比较推荐的代码是第一种。上面举的例子中只涉及了两张表，但在实际业务中往往不止连接两张表，这个时候如果用第二种代码来写，不仅写起来比较烦琐，别人看起来也比较乱，性能也会下降很多。而用第一种代码，可以一直 inner join，无论连接多少张表，看起来都不会乱。如果读者还在使用第二种代码的写法，建议切换到第一种代码。

4．outer join

outer join 是外连接，外连接与内连接相对应，是针对两张表取并集的，要查询的信息只要在任意一张表中存在，最后就会显示在结果中。但是很遗憾的是，在编写本书时 MySQL 暂不支持外连接的方式。但是如果我们有外连接的需求时，该怎么办呢？这个时候我们就可以用左连接和右连接相组合的方式来达到外连接的效果，具体实现代码如下：

```
select
    user_table.userid
    ,user_table.sex
    ,user_table.level
    ,order_table.userid
    ,order_table.first_time
    ,order_table.orders_7
    ,order_table.orders_14
from
    demo.chapter12_user as user_table
left join
    demo.chapter12_order as order_table
on user_table.userid = order_table.userid

union

select
```

```
    user_table.userid
    ,user_table.sex
    ,user_table.level
    ,order_table.userid
    ,order_table.first_time
    ,order_table.orders_7
    ,order_table.orders_14
from
    demo.chapter12_user as user_table
right join
    demo.chapter12_order as order_table
on user_table.userid = order_table.userid
```

运行上面的代码，具体运行结果如下表所示。

userid	sex	level	userid	first_time	orders_7	orders_14
E001	男	金牌	E001	2019/1/2	5	11
E002	男	银牌	E002	2019/5/1	7	14
E003	女	金牌	E003	2018/12/31	6	13
E004	男	铜牌	null	null	null	null
E005	女	银牌	null	null	null	null
E006	女	金牌	null	null	null	null
null	null	null	E007	2019/2/5	9	12
null	null	null	E008	2019/1/5	10	13
null	null	null	E009	2019/2/20	7	14

上面的代码是先对两张表进行左连接，即以左表为主，然后对两张表进行右连接，即以右表为主，最后把这两个结果进行纵向连接，在纵向连接的时候我们使用的是 union，对连接后的结果进行删除重复值处理，这样就获取到了两张表的并集。

12.1.2 表连接的类型

介绍完表的连接方式，接下来我们来看一下表的连接类型，主要有一对一、一对多、多对多三种。

1. 一对一

一对一是指用于连接两张表的公共列的值在左表和右表中都是没有重复值的。上一节所举的例子都属于一对一的类型，userid 无论是在 chapter12_order 表中还是在 chapter12_user 表中都没有出现重复值。

2. 一对多

一对多是指用于连接两张表的公共列的值在左表或右表中是有重复值的。比如，我们现在有一张订单明细表，这张表存储了每笔订单的 orderid、userid、gmv，如下所示。

orderid	userid	gmv
101	E001	10
102	E002	20
103	E001	30
104	E004	40
105	E003	50
106	E002	60

我们把上表中的数据存储在 demo 数据库的 chapter12_order_info 表中。

现在如果我们要对 chapter12_user 表和 chapter12_order_info 表根据 userid 列进行连接时，就是一对多连接，因为 userid 在 chapter12_order_info 表中会有重复值，比如 E001、E002。这个时候程序就会自动把一对多中没有重复值的一列复制成多条记录，具体实现代码如下：

```
select
    *
from
    demo.chapter12_user as user_table
left join
    demo.chapter12_order_info as order_info
on user_table.userid = order_info.userid
order by
    user_table.userid
```

运行上面的代码，具体运行结果如下表所示。

userid	sex	city_name	level	orderid	userid	gmv
E001	男	北京	金牌	101	E001	10
E001	男	北京	金牌	103	E001	30
E002	男	上海	银牌	102	E002	20
E002	男	上海	银牌	106	E002	60
E003	女	北京	金牌	105	E003	50
E004	男	泉州	铜牌	104	E004	40
E005	女	厦门	银牌	null	null	null
E006	女	成都	金牌	null	null	null

我们可以看出，chapter12_user 表中的 E001 和 E002 重复了两次，这是因为与之连接的 chapter12_order_info 表中这两个 userid 出现了两次。

3．多对多

多对多相当于多个一对多，就是用于连接两张表的公共列的值在左右表中都有重复。这个时候就是传说中的笛卡儿积（Cartesian product）。

笛卡儿乘积是指在数学中，两个集合 X 和 Y 的笛卡儿积，又称为直积，表示为 $X \times Y$，第一个对象是 X 的成员，而第二个对象是 Y 的所有可能有序对的其中一个成员。

如果用于连接两张表的一个公共列的值在左表中重复出现了 m 次，在右表中重复

出现了 *n* 次，最后连接下来的结果会是 *m*×*n* 条记录。

我们在实际工作中要尽量避免一对多及多对多情况的出现，在对两张表进行连接时，一定要先检查用于连接表的公共列是否有重复值，如果有，则先处理完重复值以后再去与别的表进行连接。

12.1.3　多张表连接

有时候，我们需要的信息不止分布在两张表中，这个时候就需要对大于两张的表进行连接，此处以 chapter12_order_info 表、chapter12_order 表、chapter12_user 表为例进行三表连接。具体实现代码如下：

```
select
    order_info.orderid
    ,order_info.userid
    ,order_info.gmv
    ,user_table.level
    ,order_table.first_time
from
    demo.chapter12_order_info as order_info
left join
    demo.chapter12_user as user_table
on order_info.userid = user_table.userid
left join
    demo.chapter12_order as order_table
on order_info.userid = order_table.userid
```

运行上面的代码，最后就会得到三张表中不同的信息，具体运行结果如下表所示。

orderid	userid	gmv	level	first_time
101	E001	10	金牌	2019/1/2
103	E001	30	金牌	2019/1/2
102	E002	20	银牌	2019/5/1
106	E002	60	银牌	2019/5/1
105	E003	50	金牌	2018/12/31
104	E004	40	铜牌	null

其实无论是两表连接、三表连接还是更多表的连接，连接逻辑都是一样的，读者只需要弄清楚表与表之间是用的什么连接方式，以及公共列是哪一列即可。

上面举的例子中 on 后面只有一个条件，即表与表连接时公共列只有一列，但是公共列也可以是多列，列与列之间直接在 on 后面用 and 进行说明即可。具体实现代码如下：

```
select
    *
from
    table1
```

```
left join
    table2
on table1.col1 = table2.col1
and table1.col2 = table2.col2
```

上面的代码展示了 table1 表和 table2 表用两列公共列进行连接时的实现方式，如果需要使用更多列，则继续用 and 连接即可。

12.2　表的纵向连接

除了横向连接，有时候，我们也有纵向连接的需求，纵向连接要比横向连接简单一些，不需要指明公共列，只需要把要连接的多张表纵向堆积在一起即可。

在 Excel 中进行纵向连接的时候直接对第二张表进行复制，然后粘贴到第一张表的下方，就完成了一次纵向连接。

在 SQL 中进行纵向连接时，我们使用的是 union 和 union all，两者的区别是，前者会对纵向连接后的结果进行删除重复值处理，而后者是不进行任何处理的，只是把两张表连接在一起。如果表中没有重复值，建议使用 union all，这样程序就不会执行删除重复值这个过程，可以提高程序的运行效率。

比如，现在不同班的学生成绩表存储在不同表中，我们要把不同班的学生成绩表纵向连接成一张表，可以通过如下代码实现：

```
select * from class1
union all
select * from class2
union all
select * from class3
union all
select * from class4
......
union all
select * from classn
```

上面的代码表示将 n 个班的成绩表纵向连接成一张表。

我们在对表进行纵向连接时，需要注意的一点就是，不同表之间列的顺序要保持一致，如果不一致就会导致连接出来的结果是错误的。

12.3　横向连接的底层原理

我们前面讲了横向连接的多种方式，读者知道不同连接方式可以得到不同的结果就可以了。本节作为补充内容，带读者了解一下横向连接的底层实现原理。这里以 left join 为例进行讲解。

为什么要讲底层原理呢？因为底层原理就是代码执行的过程，只有理解了底层原理，才能知道代码是如何执行的，以及如何更好地去写 join 语句，最后提高 select 的查询速度。

join 主要有 Nested Loop、Hash Join、Merge Join 三种方式，我们这里只讲使用最普遍的，也是最好的理解的 Nested Loop。Nested Loop 翻译过来就是嵌套循环的意思，那么什么是嵌套循环呢？嵌套读者应该都能理解，就是一层套一层；循环读者可以理解成 for 循环。

Nested Loop 又有三种细分的连接方式，分别是 Simple Nested-Loop Join、Index Nested-Loop Join、Block Nested-Loop Join，接下来我们就分别了解一下这三种细分的连接方式。

在介绍原理之前，先介绍两个概念：驱动表（也称为外表）和被驱动表（也称为非驱动表、匹配表或内表）。简单理解一下，驱动表就是主表，left join 中的左表是驱动表，right join 中的右表是驱动表，一张是驱动表，那么另一张就只能是非驱动表了，在 join 的过程中，其实就是从驱动表中依次（注意理解这里面的依次）取出每一个值，然后去非驱动表中进行匹配，那么具体是怎么匹配的呢？读者可通过接下来讲的三种连接方式来理解。

12.3.1　Simple Nested-Loop Join

Simple Nested-Loop Join 是最简单、最好理解，也是最符合读者认知的一种连接方式，现在有 table A 和 table B 两张表，我们对两张表进行左连接，如果用 Simple Nested-Loop Join 连接方式去实现，怎么匹配呢？通过下面这张图来理解。

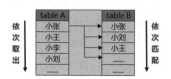

首先从驱动表 table A 中依次取出每个值，然后在非驱动表 table B 中从上往下依次匹配，接着把匹配到的值进行返回，最后把所有返回的值进行合并，这样我们就查找到了 table A left join table B 的结果。是不是和你的认知是一样的呢？利用这种方式，如果 table A 表有 10 行，table B 表有 10 行，则总共需要执行 10×10 = 100 次查询。

这种"暴力"匹配的方式在数据库中一般不使用。

12.3.2　Index Nested-Loop Join

在 Index Nested-Loop Join 方式中，我们看到了 Index，读者应该都知道其是索引的意思，这里的 Index 表示要求非驱动表上要有索引，有了索引以后可以减少匹配的次数，匹配次数减少了就可以提高查询的效率了。

为什么有了索引以后就可以减少查询的次数呢？这个其实就涉及数据结构中的

一些知识了，读者看下面的例子就清楚了。

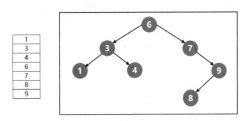

上图中左边是普通列的存储方式，右边是树结构索引，什么是树结构呢？就是数据分布像树一样一层一层的，树结构有一个特点就是左边的数小于顶点的数，右边的数大于顶点的数，如上图中的右图，左边的数 3 小于顶点的数 6，右边的数 7 大于顶点的数 6；左边的数 1 小于顶点的数 3，右边的数 4 大于顶点的数 3。

假如我们现在要匹配值 9，如果使用左边这种数据存储方式，系统需要从第一行依次匹配到最后一行才能找到值 9，总共需要匹配 7 次；但是如果我们使用右边这种树结构索引，先拿 9 和顶点 6 去匹配，发现 9 比 6 大，然后就去顶点的右边找，再去和 7 匹配，发现 9 仍然比 7 大，再去 7 的右边找，就找到了 9，这样只匹配了 3 次就把我们想要的 9 找到了。相比匹配 7 次节省了很多时间。

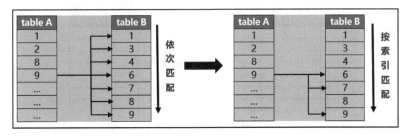

数据库中的索引一般用 B+树，为了让读者更好地理解，上图只是最简单的一种树结构，而非真实的 B+树，但是原理是一样的。感兴趣的读者可以去查看笔者写的数据结构的文章。

如果索引是主键，则效率会更高，因为主键必须是唯一的，所以如果非驱动表是用主键连接的，则只会出现多对一或者一对一的情况，而不会出现多对多和一对多的情况。

12.3.3　Block Nested-Loop Join

在理想情况下，用索引匹配是最高效的一种方式，但是在现实工作中，并不是所有的列都是索引列，这个时候就需要用到 Block Nested-Loop Join 方式了，这种方式与 Simple Nested-Loop Join 方式比较类似，唯一的区别就是它会把驱动表中 left join 涉及的列（不只是用来 on 的列，还有 select 部分的列）先取出来放到一个缓存区域，然后去和非驱动表进行匹配，这种方式和 Simple Nested-Loop Join 方式相比所需要的匹配次数是一样的,差别就在于驱动表的列数不同,也就是数据量的多少不同。所以虽然匹配次数没有减少,但是总体的查询性能还是有所提升的。

比如,驱动表 tableA 中有 col1、col2、col3、…、coln,共 n 列,非驱动表 tableB 有 col1、col2、col3 三列。编写如下代码对 tableA 表和 tableB 表进行连接:

```sql
select
    tableA.col1
    ,tableA.col2
    ,tableA.col3
    ,tableB.col1
    ,tableB.col2
    ,tableB.col3
from
    tableA
left join
    tableB
    on tableA.col1 = tableB.col1
```

Simple Nested-Loop Join 方式的连接原理如下图所示,驱动表会拿表中全部列去和非驱动表进行匹配连接。

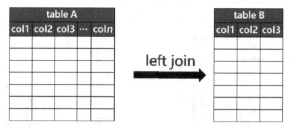

Block Nested-Loop Join 方式的连接原理如下图所示,驱动表会把 select 中用到的列和 on 中用到的列拿出来去和非驱动表进行匹配连接。

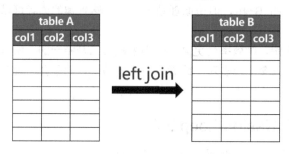

第 13 章

子　查　询

13.1　子查询的概念

当一个查询是另一个查询的一部分时，我们把内层的查询称为子查询，外层的查询称为主查询。一个完整的查询语句是 select * from t，当一个完整的 select 查询语句中又包含了另外的 select 查询语句时，则另外的 select 查询就被称为子查询。

13.2　子查询的分类

本章会用到如下两张表，一张表存储了每位同学在过去半年中的每次月考成绩，字段有 id（学号）、score（月考成绩）和 month_num（月份）；另一张表存储了每位同学的基本信息，字段有 id（学号）、name（姓名）、sex（性别）和 class（班级）。具体数据如下表所示。

id	score	month_num
E001	687	1 月
E002	667	1 月
E003	686	1 月
E001	616	2 月
E002	699	2 月
E003	503	2 月
E001	596	3 月
E002	622	3 月
E003	593	3 月

上表为学生月考成绩表，我们把这张表中的数据存储在 demo 数据库的 chapter13_score 表中。

id	name	sex	class
E001	李明	男	一班

续表

id	name	sex	class
E002	薛娟	女	二班
E003	张华	男	一班

上表为学生信息表，我们把这张表中的数据存储在 demo 数据库的 chapter13_user 表中。

下图所示为三种不同子查询的图示区别。

13.2.1　select 子查询

select 子查询是指 select 后面是一个完整的 select 语句。比如，我们要获取每位同学每次月考的成绩与全部同学全部成绩的平均值。每位同学每次月考成绩比较好获取，直接 select chapter13_score 表就可以；全部同学全部成绩的平均值也比较好计算，直接针对 chapter13_score 表求平均值即可。那么如何把这两个结果结合在一起呢？通过计算得出来的平均值是一个固定值，而我们在前面学过如何给 select 结果中插入一个固定值，就是把这个固定值放在 select 后面即可，具体实现代码如下：

```
select
    chapter13_score.id
    ,chapter13_score.score
    ,(select  avg(score)  as  avg_score  from  demo.chapter13_score)
avg_score
from
    demo.chapter13_score
```

上面代码中最外层的 select...from...是主查询，select 后面的求平均值部分又是一个完整的 select 语句，我们把这一部分称为子查询。运行上面的代码，具体运行结果如下表所示。

id	score	avg_score
E001	687	629.8889
E002	667	629.8889
E003	686	629.8889
E001	616	629.8889
E002	699	629.8889
E003	503	629.8889
E001	596	629.8889
E002	622	629.8889
E003	593	629.8889

13.2.2　from 子查询

　　from 子查询是指 from 后面是一个完整的 select 语句。比如，我们要获取每次月考中平均成绩在 600 分以上的同学的基本信息。我们要获取的信息分别存储在两张表中，所以我们需要利用前面学过的多表连接的知识对 chapter13_score 表和 chapter13_user 表进行连接。但是也不能直接进行连接，因为没有现成的表存储了每位同学的平均成绩。所以我们需要先利用子查询来生成一张每月每位同学的平均成绩表，然后与 chapter13_user 表进行连接，最后把平均成绩大于 600 分的同学筛选出来，具体实现代码如下：

```
select
   avg_table.id
   ,avg_table.avg_score
   ,user_info.name
   ,user_info.sex
   ,user_info.class
from
   (
   select
      id
      ,avg(score) avg_score
   from
      demo.chapter13_score
   group by
      id
   )avg_table
left join
   demo.chapter13_user as user_info
   on avg_table.id = user_info.id
where avg_table.avg_score > 600
```

　　上面代码中最外层的 select...from...left join...where...是主查询，from 后面的括号中又是另一个完整的查询，这个查询被称为子查询，子查询部分必须用括号括起来，并需要起一个别名，上面代码中的 avg_table 就是子查询结果的别名。运行上面的代码，具体运行结果如下表所示。

id	avg_score	name	sex	class
E001	633.0000	李明	男	一班
E002	662.6667	张华	男	一班

平均成绩大于 600 分的这个条件我们也可以在子查询部分完成，即先筛选出平均成绩大于 600 分的同学，然后与 chapter13_user 表进行连接，得到的结果是一样的，具体实现代码如下：

```
select
    avg_table.id
    ,avg_table.avg_score
    ,user_info.name
    ,user_info.sex
    ,user_info.class
from
    (
    select
        id
        ,avg(score) avg_score
    from
        demo.chapter13_score
    group by
        id
    having
        avg(score) > 600
    ) avg_table
left join
    demo.chapter13_user as user_info
    on avg_table.id = user_info.id
```

13.2.3 where 子查询

where 子查询是指 where 后面是一个完整的 select 语句，用它查询出来的结果进行条件筛选。比如我们要把平均成绩大于 600 分的同学的每次月考成绩提取出来，就可以先通过子查询的方式把平均成绩大于 600 分的同学的 id 提取出来，然后放在 where 后面进行筛选，注意这个时候不需要给子查询结果起别名，直接把子查询部分用括号括起来即可，具体实现代码如下：

```
select
    id
    ,score
    ,month_num
from
```

```
      demo.chapter13_score
where
   id in (
      select
          id
      from
          demo.chapter13_score
      group by
          id
      having
          avg(score) > 600
   )
```

运行上面的代码，就会得到平均成绩大于 600 分的每位同学的每次月考成绩，具体运行结果如下表所示。

id	score	month_num
E001	687	1 月
E002	667	1 月
E001	616	2 月
E002	699	2 月
E001	596	3 月
E002	622	3 月

上面代码的 in 表示在×××中，常用作条件筛选，把 in 中的内容筛选出来。与 in 相对的还有 not in，表示不在×××中，会把不在 in 中的部分筛选出来。在 where 后面除了可以使用 in，我们还可以使用>、<、!=等其他比较运算符，比如，我们要获取 chapter13_score 表中大于平均成绩的成绩记录，可以通过如下代码实现：

```
select
   id
   ,score
   ,month_num
from
   demo.chapter13_score
where
   score > (
      select
          avg(score)
      from
          demo.chapter13_score
   )
```

运行上面的代码，具体运行结果如下表所示。

id	score	month_num
E001	687	1 月
E002	667	1 月

id	score	month_num
E003	686	1 月
E002	699	2 月

13.3　with 建立临时表

　　from 子查询语句本质上相当于建立了一张临时表，这种方法有一个缺点是如果我们要对子查询部分重复使用，此部分代码就需要重复执行，这样是很耗费时间和计算资源的。解决重复计算问题有两种办法：第一种就是在数据库中建立一张实际存在的表；第二种是在一段代码最开始部分建立一张临时表，然后在代码的后面部分可以一直调用这张临时表。我们这里主要讲一下第二种方法的实现，即通过 with 来建立临时表，建立临时表的这部分查询在同一个程序中只执行一次，并将查询结果存储在用户的临时表空间中，可以被多次使用，直到整个程序结束。

　　我们来举个例子，比如，我们现在要给每位同学的平均成绩加一个标签，大于 600或小于 600，我们可以通过子查询的方式先把平均成绩大于 600 分的同学筛选出来，然后加一个常数列大于 600；再通过子查询的方式先把平均成绩小于 600 分的同学筛选出来，然后加一个常数列小于 600；最后把上面的两张表通过 union 的形式连接起来。具体实现代码如下：

```
select
    avg_table.id
    ,avg_table.avg_score
    ,"大于 600" as score_bin
from
    (
    select
        id
        ,avg(score) avg_score
    from
        demo.chapter13_score
    group by
        id
    having
        avg(score) > 600
    )avg_table

union all

select
    avg_table.id
    ,avg_table.avg_score
    ,"小于 600" as score_bin
from
    (
```

```
select
    id
    ,avg(score) avg_score
from
    demo.chapter13_score
group by
    id
having
    avg(score) < 600
)avg_table
```

需要注意的是，这里主要是为了对比使用 with 建立临时表的效果，所以代码写得比较烦琐，实际是不需要这么复杂的。运行上面的代码，具体运行结果如下表所示。

id	avg_score	score_bin
E001	633.0000	大于 600
E002	662.6667	大于 600
E003	594.0000	小于 600

用 with 建立临时表的实现代码如下：

```
with avg_score_table as
(
    select
        id
        ,avg(score) avg_score
    from
        demo.chapter13_score
    group by
        id
)

select
    id
    ,avg_score
    ,"大于 600" as score_bin
from
    avg_score_table
where avg_score > 600

union all

select
    id
    ,avg_score
    ,"小于 600" as score_bin
from
    avg_score_table
where avg_score < 600
```

　　运行上面的代码，得到的结果与子查询得到的结果是一样的。我们可以看出，使用 with 建立临时表的方式在代码行数上要比子查询少，结构上看起来也比较简洁。使用 with 建立临时表与使用子查询的代码行数差 n 倍，这里的 n 是指子查询要重复调用 n 次。

　　with 建立临时表的结构如下：

```
with 临时表名 as(
    临时表建立语句部分
)

-- 开始正式查询

select
    *
from
    临时表名
```

　　上面的演示中 with 只建立了一张临时表，我们还可以使用 with 同时建立多张临时表，结构如下：

```
with 临时表名1 as(
    临时表建立语句部分
),
临时表名2 as(
    临时表建立语句部分
),
临时表名3 as(
    临时表建立语句部分
),
......
临时表名n as(
    临时表建立语句部分
),
-- 开始正式查询

select
    *
from
    临时表名
```

　　比如我们现在要获取男性同学的平均成绩，那么我们就可以先分别生成两张临时表，一张是每位同学的平均成绩表，另一张是男性信息表，然后将这两张表进行连接，且把性别（sex）字段为空的数据过滤掉即可，具体实现代码如下：

```
with avg_score_table as
(
    select
```

```
        id
        ,avg(score) avg_score
    from
        demo.chapter13_score
    group by
        id
),
user_table as(
    select
        id
        ,name
        ,sex
    from
        demo.chapter13_user
    where
        sex = "男"
)

select
    avg_score_table.id
    ,avg_score_table.avg_score
    ,user_table.name
    ,user_table.sex
from
    avg_score_table
left join
    user_table
    on avg_score_table.id = user_table.id
where user_table.sex is not null
```

运行上面的代码，具体运行结果如下表所示。

id	avg_score	name	sex
E001	633.0000	李明	男
E002	662.6667	张华	男

实战篇

本篇主要介绍 SQL 数据分析实战，都是一些比较常规的业务场景实战。

第 14 章

SQL 中的其他话题

这一章给读者介绍一些不太好明确归类，但是又确实很实用，实际工作中会经常用到的知识点。

14.1　SQL 查询的执行顺序

前面讲的查询的处理步骤是每一条查询语句都需要经过的所有步骤，而这一节要讲的执行顺序对应的是查询步骤中的第四步，即查询执行。要看查询的执行顺序，我们需要先看一下查询会执行哪些过程，也就是 SQL 查询中的关键词。

关键词	说明
select	指明要查询的列
from	指明要从哪张表查询
where	筛选表中满足条件的数据
group by	指明要按哪些列进行分组
having	筛选分组后满足条件的数据
order by	指明要按哪些列进行排序
limit	限制输出的行数

下面的 t 表存储了每个商品类别的成交明细，我们需要通过下面这张表获取订单量大于 10 个对应的类别，并从中取出订单量排名前 3 的商品类别，还需要过滤掉表中的一些测试的订单（catid=c666 的为测试订单）。

catid	orderid
c1	1
c1	2
c1	3
c2	4
c2	5
c3	6
...	...
c100	10000

要满足上面的需求，具体实现代码如下：

```
select
    catid,
    count(orderid) as sales
from
    t
where
    catid <> "c666"
group by
    catid
having
    count(orderid) > 10
order by
    count(orderid) desc
limit 3
```

上面的 SQL 代码中涉及 select、from、where、group by、having、order by、limit 7 个关键词，基本上包括了 SQL 中所有的查询关键词，上面的顺序是这 7 个关键词的语法顺序，也就是写代码的时候，应该按照这个顺序写，那么这 7 个关键词的执行顺序是什么样的呢？也就是先执行哪个再执行哪个呢？

笔者一直坚持的一个态度就是，计算机在处理事情的时候和人的基本逻辑和流程一样，毕竟计算机也是人设计出来的。既然这样，我们就来看看，如果我们自己手动处理上面的需求，会怎么做。

首先需要知道到哪里查找我们需要的数据，所以第一个执行的应该是 from 部分；知道到哪张表提取数据以后，是否要提取这张表的全部数据呢？不是的，我们需要把一些测试订单过滤掉，当然了，也可能是一些别的条件，这个时候就需要执行 where 部分了；因为我们筛选出来的是 orderid 维度的明细数据，但是我们需要的是 catid 维度的数据，catid 与 orderid 的关系是一个 catid 可能对应多个 orderid，我们需要根据 catid 去进行聚合，然后看每个 catid 对应的订单数，这个过程其实就是在执行 group by 部分；group by 聚合得到的结果是每个 catid 对应的订单数，但是我们并不需要全部的 catid，所以我们需要对聚合后的结果进行过滤，筛选出订单数大于 10 个的 catid，这个过程其实是在执行 having 部分；执行完 having 以后，我们就得到了订单数大于 10 个的 catid，这个时候我们可以利用 select 把 catid 等数据查询出来；这样查询出来的数据是订单数大于 10 个的全部 catid，但是我们其实最终想要的是订单数大于 10 个中的前三个 catid，就需要对 catid 根据订单数进行降序处理，这个过程是在执行 order by 部分；降序完成以后，我们只需要前 3 个 catid，通过 limit 限制一下显示的行数就可以了，这个过程执行的是 limit 部分。以上就是关于 SQL 查询的一个执行顺序，总结如下：

from-where-group by-having-select-order by-limit

如果遇到子查询，则先执行子查询的部分，子查询中又是一个完整的 select 查询，执行顺序与上面的执行顺序一致。

14.2　变量设置

读者在学习 Python 或者其他编程语言的时候都应该学过变量，而 SQL 查询语言中也有变量，具体有什么作用呢？

我们来看一下实际应用场景。现在有如下所示的一张表。

order_id	time1	time2	time3	time4
101	2019-08-01	2019-08-01	2019-08-01	2019-08-01
102	2019-08-01	2019-08-02	2019-08-03	2019-08-04
103	2019-08-02	2019-08-02	2019-08-02	2019-08-02
104	2019-08-03	2019-08-04	2019-08-04	2019-08-04

其中，time1 列表示浏览日期；time2 列表示加购物车日期；time3 列表示下订单日期；time4 列表示收货日期。

我们把这张表中的数据存储在 demo 数据库的 chapter14_1 表中。

这四个日期之间有什么关系呢？就是都有可能不相等，也有可能都相等，还有可能部分相等。如果我们想要查看四个日期都发生在 2019-08-01 这一天的订单应该怎么看呢？

SQL 代码如下：

```
select
    order_id
    ,time1
    ,time2
    ,time3
    ,time4
from
    demo.chapter14_1
where time1 = "2019-08-01"
    and time2 = "2019-08-01"
    and time3 = "2019-08-01"
    and time4 = "2019-08-01"
```

运行上面的代码，就可以把四个日期都发生在 2019-08-01 这一天的订单筛选出来，具体运行结果如下表所示。

order_id	time1	time2	time3	time4
101	2019-08-01	2019-08-01	2019-08-01	2019-08-01

如果现在我们又想查看四个日期都发生在 2019-08-02 这一天的订单，该怎么看呢？很简单，直接把上面代码中的日期改一下就可以了。如果我们还想查看其他日期的订单，直接改代码中的日期就可以，这样做是可以达到目的，但是读者有没有想过，如果一段代码中需要修改的地方过多，而且代码与代码不是挨在一起的时候，如果手动查找并修改，很有可能漏掉或改错。

这个时候变量就该出场了，所谓的变量就是一个变化的量，是一个容器，在可能要更改的地方设计一个变量，而不是固定的值，这样每次更改的时候，只需要更改变量的值就可以了，其他地方的变量也会跟着一起变，省时又省力，而且不容易出错。

我们先来看一下在 MySQL 数据库中如何设置变量，以下是在 MySQL 中设置变量 day 的几种写法：

```
set @day = "2019-08-01";
set @day := "2019-08-01";
select @day := "2019-08-01";
```

注意，如果使用 select 关键词进行变量赋值时，不可以直接使用 =，因为程序会默认把它当作比较运算符，而不是赋值，但是用关键词 set 进行变量赋值时是可以直接用 = 的。

定义好变量并赋值以后，就可以通过下面的代码来实现：

```
set @day = "2019-08-01";
select
    order_id
    ,time1
    ,time2
    ,time3
    ,time4
from
    demo.chapter14_1
where time1 = @day
    and time2 = @day
    and time3 = @day
    and time4 = @day
```

这样每次需要获取某个日期的数据时，只需要改变变量 day 的值就可以了。

以上就是关于 MySQL 中变量的使用方法，变量的用法很常见，也很有用，读者一定要熟练掌握。

14.3　分区表

基于 Windows 的计算机，其硬盘一般被分成 C、D、E、F 四个盘，但是一般新的计算机都只有一个 C 盘。为什么用户拿到新计算机的时候都要把一个 C 盘切分成 C、D、E、F 四个盘呢？即使硬盘总体大小没有变化。

分盘的目的是便于管理和查找，比如 C 盘放系统文件、D 盘放安装软件、E 盘放学习资料、F 盘放电影小说，如果要查找学习资料，那么直接在 E 盘找即可，不需要把 C、D、E、F 盘全部找一遍。

在数据库中对表进行分区也是同样的目的：方便管理和查找。常见的分区表是以时间为分区的，每天是一个分区或者每月是一个分区。如果要查找某天或某月的数据，直接去这一天或者这一月对应的分区下查找即可。

　　将一张表分成若干个区就称为分区表。一般数据量大到一定程度时，都会选择用分区表的方式存储数据。

　　这里需要说明的是，分区表本质上也是表，只不过数据存储在不同的分区中。我们建立表的方式还是使用前面讲过的 create table，只不过在表创建完成后，需要用 partition by 来指明按照哪列进行分区，然后在查询的时候用 where 指明要在哪个分区中进行查询。

14.4　宽表与窄表

　　宽表是将多个维度的信息放在一张表中，组成一张很宽的表。比如，订单明细表中存放了这笔订单对应的用户相关信息、产品相关信息、渠道相关信息，总共好几百列数据。这种表就是宽表。

　　窄表是将不同维度的信息放在不同表中，最后在使用的时候根据公共列进行连接。比如，订单表只放了订单相关信息、用户表只放了用户相关信息、渠道表只放了渠道相关信息，当需要获取订单整体情况的时候，就需要把用到的这几张窄表先连接起来，再调取需要的字段。

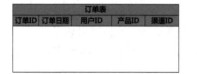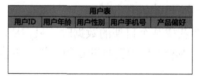

　　宽表比较方便，不需要用户进行各种连接操作，但是列数太多会导致整张表的查询速度变慢。窄表中单张表查询会快一些，但是需要与不同的表进行连接操作。

14.5　全量表，增量表，快照表，拉链表，流水表

　　上一节我们讲了宽表和窄表，宽表和窄表是形式上的区分。这一节我们要讲的这几种表不仅是在形式上不同，在数据存储原理上也是不同的。

1. 全量表

　　全量表顾名思义就是存储了全部数据的表，全量表是没有分区的，所有数据都存储在一个分区中。

　　例如，2019 年 1 月 1 日的全量表如下所示。

uid	apply_time	status
100	2019/1/1	未通过
101	2019/1/1	通过

2019 年 1 月 2 日的全量表如下所示。

uid	apply_time	status
100	2019/1/1	通过
101	2019/1/1	通过
102	2019/1/2	通过

如上所示，uid = 100 的用户在 2019 年 1 月 1 日的状态是未通过，而在 2019 年 1 月 2 日的时候通过了，所以在 2019 年 1 月 2 日的时候状态就变成了通过，且此时已经没有了未通过那条记录，因为全量表存储的都是截至目前最新状态的全部记录。

2. 增量表

增量表是相对全量表而言的，就是每次把新增的数据追加到原表中，增量表中每次新增的数据单独存储在一个分区中。

uid	apply_time	status	partition_col
100	2019/1/1	未通过	2019/1/1
101	2019/1/1	通过	2019/1/1
102	2019/1/2	通过	2019/1/2

如上所示，uid=102 的用户是 2019 年 1 月 2 日新增加进来的，所以存储在 2019 年 1 月 2 日的分区中，而 uid=100 的用户是 2019 年 1 月 1 日进来的，所以存储在 2019 年 1 月 1 日的分区中，且历史分区中的数据是不发生改变的，所以状态依然是未通过。

3. 快照表

快照表就是截至过去某个时间点的所有数据，关注更多的是过去某个时间点的状态，即快照表主要是存储历史状态的表。每次快照的数据单独存储在一个分区中。

uid	apply_time	status	partition_col
100	2019/1/1	未通过	2019/1/1
101	2019/1/1	通过	2019/1/1
100	2019/1/1	通过	2019/1/2
101	2019/1/1	通过	2019/1/2
102	2019/1/2	通过	2019/1/2

如上所示，在 2019 年 1 月 1 日的时候，只有 uid=100 和 uid=101 两个用户，所以这一天的快照表就只存储了这两个用户；截至 2019 年 1 月 2 日，已经有 uid=100、uid=101、uid=102 三个用户了，所以一天的快照表存储了这三个用户，且这一天 uid=100 的用户的状态是通过。

4．拉链表

拉链表存储了某个主体的一整套连续动作的信息。与快照表类似，但拉链表存储的是在快照表的基础上去除了重复状态的数据。

uid	apply_time	status	partition_col
100	2019/1/1	未通过	2019/1/1
101	2019/1/1	通过	2019/1/1
100	2019/1/1	通过	2019/1/2
102	2019/1/2	通过	2019/1/2

拉链表在快照表的基础上去除了重复的 uid=101 的记录，因为这一条记录在不同分区下的数据是相同的。

5．流水表

流水表是存储了所有修改记录的表。流水表与拉链表也有些类似，不同的是拉链表可以根据拉链粒度存储数据，也就是只存储特定维度的数据变化记录；而流水表存储的是每一个修改记录。

uid	apply_time	status	partition_col
100	2019/1/1	未通过	2019/1/1
101	2019/1/1	通过	2019/1/1
100	2019/1/1	通过	2019/1/2
102	2019/1/2	通过	2019/1/2

uid=100 的用户在 2019 年 1 月 2 日状态发生了改变，所以新增了一条记录；uid=102 的用户在 2019 年 1 月 2 日新添加进来，也算一次改变，所以也新增了一条记录。

14.6 数据回溯

先给读者举个例子，假如你是一家信用卡中心的数据分析师，有一个用户在 1 月 1 日申请了一张信用卡，但是在 1 月 2 日的时候这个用户才被审核通过。那在计算 1 月 1 日信用卡申请用户的通过率的时候，这个用户应该被算进去吗？

按理来说是应该被算进去的，但是这个用户在 1 月 1 日的时候处理状态确实不是申请通过的状态，那应该怎么办呢？在 1 月 2 日的时候重新把 1 月 1 日的用户状态运行一遍，把过去的数据重新运行一遍的过程称为数据回溯。

本例只是回溯前一天的数据，但在实际工作中读者需要根据具体的业务场景来调整回溯时长。

数据回溯虽然可以保证数据尽可能准确，但是也会出现每天看到的数据不一样的情况，从而给分析数据的人员带来一些困惑与误解。就上面的例子而言，在 1 月 1 日看到的信用卡申请通过率和在 1 月 1 日之后看到的就不太一样。所以在对数据回溯之前一定要权衡好利弊。

14.7　数据仓库的基本分层

虽然我们不进行数据开发，不用搭建数据仓库，但是毕竟我们是数据仓库的使用者，所以我们还是有必要了解一下数据仓库的一个基本分层。数据仓库主要可以分为 ODS（Operational Data Store，操作性数据）、DW（Data Warehouse，数据仓库）、DM（Data Mart，数据集市）三层。

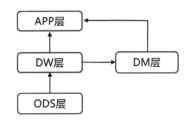

ODS 层的数据是比较原始的用户行为数据，一般是从日志表和埋点数据中直接复制过来的。

DW 层的数据是在 ODS 层的基础上加工成特定主题的数据，比如用户主题的数据、订单主题的数据、产品主题的数据。

DM 层的数据其实也属于 DW 层的一部分，是为了某些特定的目的而从 DW 层中独立出来的一部分数据。比如由订单用户产品渠道构成的大宽表。

在 DW 层的上层还有一层 APP 层，就是把数据做成了产品，即 BI 系统，通过鼠标操作来获取数据，而不是通过写 SQL 的方式来获取。

为了便于区分一张表是什么层级的表，一般开发人员在给表命名时都会加入对应的层级关键词，比如 ods_×××表，这样看到对应的关键词以后即可知道这张表是什么层级的表。查询使用的表大多是 DW 和 DM 层的表。

14.8　SQL 语句的代码规范

所谓的代码规范就是 SQL 代码的书写格式，比如，哪里需要对齐、哪里需要缩进。按理来说这部分应该在本书的最开始部分介绍，之所以把这部分放在最后，是因为读者把前面基础知识都学完以后，再来学习一些格式方面的东西才会更容易理解。

格式规范的代码可以帮助开发者快速梳理代码逻辑，也可以帮助开发者之后对代码进行快速调试修改。

1. 代码缩进

查询关键词要位于每行代码的最开始位置，select、from、where、group by、having、order by、limit 均为查询关键词，查询关键词后面的内容尽量单独起一行，非查询关键词的内容缩进四个空格。示例代码如下：

```
select
    catid
    ,count(orderid) as sales
from
    t
where
    catid <> "c666"
group by
    catid
having
    count(orderid) > 10
order by
    count(orderid) desc
limit 3
```

2. 逗号位置

当 select 后面要查询多列时，列名与列名之间的逗号要放在前面。当然，放在后面也是可以的，但是如果放在后面，不易被发现，导致经常出现多写或少写逗号的错误。示例代码如下：

```
-- 逗号放在列名前
select
    col1
    ,col2
    ,col3
from
    table
-- 逗号放在列名后
select
    col1
    col2,
    col3,
from
    table
```

3. 注释

注释分两种，一种是对整个代码文件进行注释，放在代码的最开始位置，这种注释一般是多行内容，用/* */注释符。比如下面的注释：

```
/*
这是全国每个城市每天的订单明细表，
如果要获取特定城市的订单明细表，只需要输入 city_id 即可，
如果要获取特定日期的订单明细表，输入具体日期范围即可
*/
```

另一种注释是单行注释，是针对某一行代码进行注释的，可以单独放一行，也可

以放在要注释代码的后面，用--注释符，需要注意的是，--注释符与注释的内容之间要有一个空格，比如下面针对列名的注释：

```
select
    col1 -- 销售人员 ID
    col2, -- 销售人员姓名
    col3, -- 销售人员级别
from
    table
```

4. 命名

给代码文件命名是我们经常做的一件事。笔者建议命名按照主题+具体功能+日期的格式。比如订单维度+全国每天+20200101，再如订单维度+每个城市每天+20200101。通过主题部分，我们可以快速知道这个代码文件是与什么相关的；通过功能部分，我们可以知道这部分代码具体是做什么的；通过日期部分，我们可以知道这个文件是什么时间写的，是哪一个版本。

关于日期部分是很有必要的，所以笔者对此进行重点介绍，因为同一个功能的代码文件经常需要更改若干遍，但是历史版本也要保留，便于之后核对逻辑使用。如果之后要找过去某个版本的代码，就可以通过日期去找。

不仅代码文件的历史版本要保留，作为一个数据分析师，所有历史版本的数据文件都应该保留。

14.9　如何快速梳理数据库逻辑

作为一名数据分析师，刚进入一家新公司，一般需要做的第一件事就是梳理数据库逻辑。因为数据是分析的原材料，如果连数据存在哪里都不知道，那么怎么进行分析呢？这一节就谈谈笔者在这方面的一些经验。

核心就是围绕公司主要业务逻辑进行展开，也就是首先需要梳理一下公司的核心业务流程。比如，你入职了一家电子商务公司，那么电子商务的核心业务流程就是注册—浏览—加购物车—下订单—付款—退款。在梳理数据库逻辑的时候按照这个流程梳理即可，一般不同过程中的信息会存储在不同表中。那么，首先需要知道这几个过程的表分别都是哪几张表，这些表中大概存储了哪些信息，然后表与表之间都是怎么关联起来的。如果把这几项信息弄清楚了，那么数据库的逻辑基本就算理清楚了。

根据业务流程梳理逻辑是纵向梳理，接下来需要横向梳理，什么意思呢？比如在注册环节，一般会存储注册渠道，但是这里的注册渠道一般会用数字表示，如果想要获取数字对应的实际渠道，就需要找专门的渠道表去看每一个数字对应的渠道解释；再如，上面的各个环节中基本都会涉及用户 ID（user_id），但是不会存储过多的与用户相关的信息，如果想看与用户相关的更多详细信息，需要去专门的用户表查看。

先掌握纵向梳理，然后在实际使用中进行横向梳理。

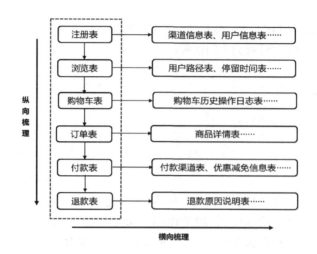

14.10　如何快速读懂别人的代码

我们经常会接到别人发的代码，比如同事要离职了，他负责的项目要交接给你，交接的事项中就会包括一部分代码；再如，不同部门针对同一个指标算出来的数据不一样的时候，就需要去核对一下代码逻辑，分析差异在哪里，这个时候也需要读别人的代码。

我们怎样才能快速读懂别人的代码呢？其实读懂别人的代码与梳理数据库逻辑在本质上是一致的。

一般代码逻辑比较复杂的时候会比较难读懂，如果只是单纯的一句 select * from t，相信谁都能读懂。其实很多时候逻辑复杂也并不是真正的逻辑复杂，只是因为代码行数多而看上去复杂，行数多的代码中会包含各种表连接、各种子查询。这个时候不要一行一行去读，这样是读不懂的。直接找主要结构，先找最外层的 select * from t 部分，看这部分的 t 表连接了哪些表，包含了哪些子查询，然后以同样的方式去看子查询部分。

```
select
    *
from
    (
    select
        *
    from
        a
    left join
        b
    on a.col1 = b.col1
    left join
        c
    on a.col1 = c.col1
    )t1
```

```
left join
    t2
on t1.col1 = t2.col1
```

比如上面的代码中，看起来连接了很多表，但是先看最外层的 select 部分，其实很简单，就是 select * from t1 left join t2。这个时候先不用管 t1 是什么，等把最外层的框架理清楚了，然后以同样的方式去看 t1 中是什么，其实 t1 是一个子查询，这个子查询是通过 select * from a left join b left join c 连接出来的。

这样看就清晰很多了，不过看懂的难易程度和代码书写格式是否规范有很大关系，尤其是是否有缩进。读者在写代码的时候尽量按照规范的格式去写，这样自己或者同事以后在看的时候也比较易读。

14.11 编辑器

我们在实际工作中一般是不会使用 DBeaver 的，每个公司都有自己的数据库查询平台。一般在本地写好代码，然后把代码复制到数据库查询平台上进行查询即可。我们平常应该在哪里写代码呢？总不能在 Word 或者记事本中写吧，当然也不是不可以。常用的代码编辑器有 Visual Studio Code、Sublime Text、Notepad++等。读者可以都去尝试一下，选择适合自己的即可。

这里介绍一下 Visual Studio Code，简称 VScode。VScode 是微软发布的一款开源的代码编辑器。这款代码编辑器可以同时支持多种语言，比如常见的 Python、R、SQL等，还可以支持 markdown 语言。除了可以支持丰富的语言，还可以安装各种插件。

14.11.1 软件安装

我们先来看下 VScode 的安装过程。

Step1：在浏览器的地址栏输入 https://code.visualstudio.com/进入 VScode 的官方网站，然后单击右上角的"Download"按钮。

Step2：根据计算机的操作系统类型，选择对应的版本，左边是 Windows，中间是
Linux，右边是 macOS。如果计算机的操作系统是 Windows，则需要根据计算机的系
统位数（是 64 位还是 32 位）选择对应的 System Installer 格式。然后就会弹出下载界
面，保存到指定文件夹下面即可。如果计算机的操作系统是 macOS 或者 Linux，选择
对应版本即可。

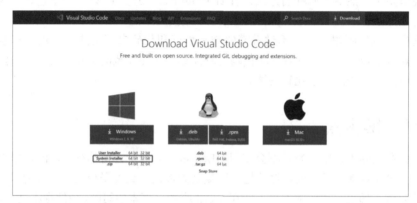

Step3：找到安装包所在的文件夹，双击安装包进行安装，安装过程比较简单，一
直单击"下一步"按钮，直到程序安装完成。

14.11.2　常用功能设置

VScode 默认是英文语言环境，为了方便使用，我们可以设置中文语言环境。

当鼠标指针放在类似于工具箱的图标上时，会显示 Extensions，即插件。

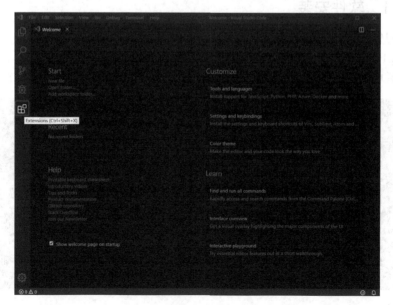

单击插件图标进入插件中心，在搜索文本框输入"Chinese"，然后按回车键，显示的第一项就是我们需要的，单击右下角的"Install"按钮，等待安装完成。

当我们再次打开 VScode 软件时，软件首页就变成了我们熟悉的中文界面。

新安装的软件没有存储文件，这个时候读者可以选择菜单栏中的"文件"→"新建文件"命令建立新文件，文件格式默认是纯文本，就是一个记事本。单击右下角的"纯文本"，就会弹出语言模式筛选框，读者根据自己要编写的语言选择对应的语言模式即可。选择了对应的语言模式以后，代码就会根据对应的语言模式进行高亮显示。

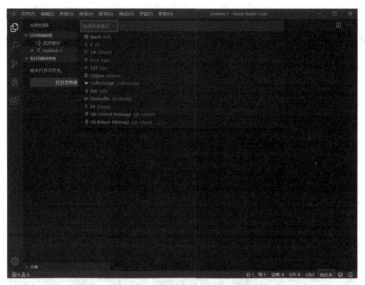

到这里读者就可以使用 VScode 来编写代码了，编写完以后选择菜单栏中的"文件"→"保存"命令，将代码保存到某一个文件夹下。

接下来对历史版本进行设置，正如前面所说，针对同一个功能的代码文件，我们会经常进行更改，为了便于以后核对，需要把历史版本保留下来。

在插件中心的搜索文本框输入"local history"，显示的第一项就是我们需要的，单击右下角的"Install"按钮开始安装，等待安装完成即可。

当安装完成后，资源管理器界面会有一个 LOCAL HISTORY 的文件夹。这个文件

夹就是保存代码版本变更的地方。我们新建一个 SQL 语言模式的文件，并编写如下代码，然后进行保存。

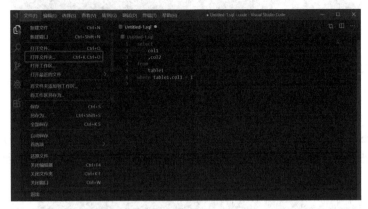

接下来把保存了上面代码的文件夹打开。

将代码中的 table1 改成 table2，再次进行保存，多保存几次，就可以在 LOCAL HISTORY 文件夹下面看到不同版本的记录。

随便单击一个版本进去，此时的代码界面会展示出两段代码，一段是目前最新的，另一段是我们打开的历史版本，并在不同代码文件中用红绿底色标注出来。标注出来的部分就是新版本和旧版本不一样的部分，也就是我们更改的部分。

上面的功能设置是对于写 SQL 的人来说比较核心的。VScode 还有很多其他的设置，读者可以根据需要自行探索。

如果读者想再次新建文件，可以通过单击"新建文件"按钮来新建。

读者还可以单击"拆分编辑器"按钮，将代码界面分成两个界面，读者可对这两个界面进行独立操作，方便对比代码。在左边的资源管理器中也会显示第 1 组和第 2 组。

14.11.3　常用快捷键

VScode 中有很多快捷键，这里介绍一些 SQL 代码中比较常用的。

第一个快捷键就是注释，注释是一段代码中不可或缺的一部分。如果对多行或者一行进行注释，先用鼠标把要注释的行选中，然后按 Ctrl+/快捷键即可，如果使用的是 Mac 计算机，则需按 Command+/快捷键，这样就完成了对多行或者一行的代码注释。如果想取消注释，同样用鼠标把要取消注释的行选中，按 Ctrl+/快捷键或按 Command+/快捷键即可取消注释。

第二个快捷键是查找与替换，我们经常会有查找与替换的需求，比如，要看一下代码中的哪些部分用到了某个字段或某张表。查找的快捷键为 Ctrl+F，Mac 计算机对应的快捷键为 Command+F。

单击查找模式下的箭头就可以切换到替换模式。在替换文本框可以输入想要替换的目标内容，然后可以选择替换还是全部替换，替换针对表中的一个值，每单击一次替换一个；全部替换将表中的值一次性全部替换完成。

第三个快捷键是缩进，我们前面讲过，代码格式要规范，而适当的缩进是规范的表现形式。按 Ctrl + [快捷键可以增加行缩进，按 Ctrl +]快捷键可以减少行缩进，一般缩进 4 个空格。如果是 Mac 计算机，把 Ctrl 键换成 Command 键即可。

第四个快捷键是新建文件，使用的是 Ctrl+N 快捷键，与 Office 中的新建文件使用的快捷键一致。

第五个快捷键是全屏，按 F11 键将代码界面全屏显示，如需取消全屏，也是按 F11 键。

14.12 创建表

作为一名数据分析师，一般是不需要自己去创建表的，很多数据分析师也没有创建表的权限，只有数据查询权限，也就是只能进行 select 相关操作。但是有时候数据分析师也是有建表需求的，而且一些大公司中的数据分析师也确实会有建表权限。这一节我们就讲一下关于在数据库中如何创建表的知识。如果读者以后在工作中能用到可以深入学习一下，如果用不到，作为一个了解即可。

14.12.1 创建一张表

创建一张表使用的是 create table，具体的语法格式如下：

```
create table 表名
(
    列名 1 数据类型 约束 comment 注释
    ,列名 2 数据类型 约束 comment 注释
    ,列名 3 数据类型 约束 comment 注释
    ......
    ,列名 n 数据类型 约束 comment 注释
)
```

在创建一张表的时候，我们需要指明这张表中包含的列、每列存储的数据类型、每列需要满足的约束条件以及对该列的注释，注释用来说明每列分别存储了什么信息。

MySQL 中常用的数据类型及其说明如下表所示。

数据类型	说明
int	整型，适用于一般位数的整数
bigint	极大整型，适用于超大位数的整数
float	浮点型
char	定长字符串，不能超过规定的最大字符长度
varchar	可变字符串，会根据存入的字符串长度进行自我调节
date	日期类型
datetime	日期时间类型

以上是 MySQL 中比较常用的数据类型，还有一些不常用的没有列举出来，有兴趣的读者可以网上搜索学习。

约束主要是对列进行一些额外的限制，保证数据不出错，一个比较重要的约束是主键约束。主键可以是表中的一列或多列，这些列可以用来唯一标识数据表中的每条记录，而主键约束用于指明让哪一列或哪几列来做主键。除此之外，还有一些别的约束，比如 not null 表示该列数据不能为 null。

```
create table demo.test
(
    id int comment "学号"
    ,name varchar(50) comment "姓名"
    primary key (id)
)
```

通过上面的代码就可以在 demo 数据库中创建一张 test 表，且在这张表中建立了两列：id 和 name。id 列的数据类型为 int，对应的注释为学号；name 列的数据类型为 varchar，对应的注释为姓名。并且用 primary key 指明了 id 列为主键，也就是通过 id 可以唯一确定表中的每条记录。

14.12.2　向表中插入数据

上一节我们已经创建了一张名为 test 的表，现在我们需要往这张表中添加数据，也就是插入数据，使用的是 insert，具体的语法格式如下：

```
insert into 表名 values
    (valueA1,valueA2,...,valueAn)
    ,(valueB1,valueB2,...,valueBn)
    ,(valueC1,valueC2,...,valueCn)
    ......
```

现在我们向 test 表中插入数据，具体实现代码如下：

```
insert into demo.test values
    (1,"李华")
    ,(2,"张三")
    ,(3,"李明")
```

这个时候再来查询 test 表中的信息，看一下会得到什么结果，具体实现代码如下：

```
select * from demo.test
```

运行上面的代码，具体运行结果如下表所示。

id	name
1	李华
2	张三
3	李明

上面的结果表示表的创建和数据插入操作都是正确的。

14.12.3 修改表中的数据

有时候，我们需要对已创建好的表中的数据进行修改，使用的是 alter table。

比如，我们创建完一张表以后发现缺少了一列，这个时候我们就可以使用 alter table 来对表进行修改，达到新增一列的目的，具体代码格式如下：

```
alter table 表名 add 列名 数据类型
```

例如，将已经创建好的 test 表中新增一列 class，具体实现代码如下：

```
alter table demo.test add class varchar(50)
```

有增加就会有删除，如果我们想要删除一张表中的某一列数据时，只需要把新增列中的 add 换成 drop 即可，具体代码格式如下：

```
alter table 表名 drop 列名
```

有时候，我们在新建列的时候还可能把对应的数据类型选错，也可以通过 alter table 来修改，具体代码格式如下：

```
alter table 表名 modify 列名 新数据类型
```

介绍完针对列的修改，我们再来看一下针对表的修改，针对表进行修改的主要应用场景是修改表名，具体代码格式如下：

```
alter table 原表名 rename 新表名
```

14.12.4 删除表

如果创建的表不再使用了，或者用来测试而创建的表，这些表应该及时清理掉，以此来释放更多的空间。如果我们需要删除一张表，使用的是 drop table，具体代码格式如下：

```
drop table 表名
```

如果要删除上面建立的 test 表，可以通过如下代码实现：

```
drop table demo.test
```

当运行完上面的代码以后，再去数据库中查询这张表的时候，其已经不存在了。

第 15 章

SQL 数据分析实战

15.1 查询每个区域的用户数

现在有一张全部用户信息表 stu_table，这张表存储了 id（用户 ID）、name（姓名）、area（区域）和 sex（性别）四个字段，现在我们想知道每个区域有多少用户，该怎么实现呢？

stu_table 表如下所示。

id	name	area	sex
4	张文华	二区	男
3	李思雨	一区	女
1	王小凤	一区	女
7	李智瑞	三区	男
6	徐文杰	二区	男
8	徐雨秋	三区	男
5	张青云	二区	女
9	孙皓然	三区	男
10	李春山	三区	男
2	刘诗迪	一区	女

读者先自己思考一下代码怎么写，然后参考如下代码：

```
select
    area
    ,count(id) as stu_num
from
    demo.stu_table
group by
    area
```

解题思路如下。

我们想要获取的是每个区域的用户数，首先需要对区域进行分组，使用的是 group by，然后对每个组内的用户进行计数聚合运算，使用的是 count，最后运行结果如下表所示。

class	stu_num
二区	3
一区	3
三区	4

15.2 查询每个区域的男女用户数

本节使用的是 15.1 节的全部用户信息表 stu_table，现在我们想知道每个区域内男生、女生分别有多少个。

读者先自己思考一下代码怎么写，然后参考如下代码：

```
select
    area
    ,sex
    ,count(id) as stu_num
from
    demo.stu_table
group by
    area
    ,sex
```

解题思路如下。

与上一节不同的是，我们不仅需要查询每个区域的信息，还需要分别查询每个区域内男生、女生的信息，主要考察的就是按照多列进行分组聚合的知识，直接在 group by 后面指明要分组的列名即可，且列名与列名之间用逗号分隔，最后运行结果如下表所示。

area	sex	stu_num
二区	男	2
一区	女	3
三区	男	4
二区	女	1

15.3 查询姓张的用户数

本节使用的是 15.1 节的全部用户信息表 stu_table，现在我们想知道这张表中姓张的用户有多少个？

读者先自己思考一下代码怎么写，然后参考如下代码：

```
select
    count(id) as stu_num
from
```

```
    demo.stu_table
where name like "张%"
```

解题思路如下。

我们想要查询姓张的用户有多少个，首先需要思考的是怎么判断用户是否姓张，假设表中存储的姓名都是先姓后名的形式，那么就可以使用字符串匹配函数 like；知道怎么判断用户是否姓张以后，接下来将这些用户筛选出来，使用的是 where；最后针对筛选出来的用户进行计数，使用的是 count，运行结果如下表所示。

stu_num
2

15.4　筛选出 id3～id5 的用户

本节使用的是 15.1 节的全部用户信息表 stu_table，现在我们想要获取 id 按照从小到大的顺序排列以后 id3～id5 的用户的信息。

读者先自己思考一下代码怎么写，然后参考如下代码：

```
select
    *
from
    demo.stu_table
order by id asc
limit 2,3
```

解题思路如下。

因为不确定 id 是否连续，所以无法直接用 where 来筛选 id。我们先对 id 列进行升序排列，然后利用 limit 进行筛选，最后运行结果如下表所示。

id	name	area	sex
3	李思雨	一区	女
4	张文华	二区	男
5	张青云	二区	女

15.5　筛选出绩效不达标的员工

现在有一张员工绩效表 score_table，这张表存储了 id、name（姓名）、group（部门）和 score（绩效得分）四个字段，现在我们想把绩效不达标（绩效得分小于 60 分）的员工的信息筛选出来。

score_table 表如下所示。

id	name	group	score
1	王小凤	一部	88
2	刘诗迪	一部	70

续表

id	name	group	score
3	李思雨	一部	92
4	张文华	二部	55
5	张青云	二部	77
6	徐文杰	二部	77
7	李智瑞	三部	56
8	徐雨秋	三部	91
9	孙皓然	三部	93
10	李春山	三部	57

读者先自己思考一下代码怎么写，然后参考如下代码：

```
select
    *
from
    demo.score_table
where score < 60
```

解题思路如下。

我们要获取绩效不达标的员工的信息，首先需要知道不达标的标准是什么，然后利用 where 来限定不达标的条件即可，最后运行结果如下表所示。

id	name	group	score
4	张文华	二部	55
7	李智瑞	三部	56
10	李春山	三部	57

15.6 筛选出姓张的且绩效不达标的员工

本节使用的是 15.5 节的员工绩效表 score_table，我们现在想根据这张表筛选出姓张的且绩效不达标的员工的信息。

读者先自己思考一下代码怎么写，然后参考如下代码：

```
select
    *
from
    demo.score_table
where score < 60
    and name like "张%"
```

解题思路如下。

这里面主要用到了多条件筛选的知识点，多个条件之间用 and 进行关联，然后将关联后的代码放在 where 后面即可，最后运行结果如下表所示。

id	name	group	score
4	张文华	二班	55

15.7 查询获得销售冠军超过两次的人

现在有一张 month_table 表记录了每月的销售冠军信息，这张表存储了 id、name（姓名）和 month_num（月份）三个字段，现在需要查询获得销售冠军的次数超过 2次的人及其获得销售冠军的次数。

month_table 表如下所示。

id	name	month_num
E002	王小凤	1
E001	张文华	2
E003	孙皓然	3
E001	张文华	4
E002	王小凤	5
E001	张文华	6
E004	李智瑞	7
E002	王小凤	8
E003	孙皓然	9

读者先自己思考一下代码怎么写，然后参考如下代码：

```
select
    id
    ,name
    ,count(month_num) num
from
    demo.month_table
group by
    id
    ,name
having
    count(month_num) > 2
```

解题思路如下。

我们要查询获得销售冠军的次数超过 2 次的人及其获得销售冠军的次数，首先需要获取每个人获得销售冠军的次数，对 id 列和 name 列进行 group by；然后在组内对month_num 列进行计数就可以得到每个人获得销售冠军的次数；接着利用 having 对分组聚合后的结果进行条件筛选；最后运行结果如下表所示。

id	name	num
E002	王小凤	3
E001	张文华	3

15.8 查询某部门一年的月销售额最高涨幅

现在有一张月销售额记录表 sale_table，这张表记录了某部门 2018 年和 2019 年某几个月的销售额，现在我们想查询今年（2019 年）的月销售额最高涨幅是多少。

sale_table 表如下所示。

year_num	month_num	sales
2019	1	2854
2019	2	4772
2019	3	3542
2019	4	1336
2019	5	3544
2018	1	2293
2018	2	2559
2018	3	2597
2018	4	2363

读者先自己思考一下代码怎么写，然后参考如下代码：

```
select
    max(sales) as max_sales
    ,min(sales) as min_sales
    ,max(sales)-min(sales) as cha
    ,(max(sales)-min(sales))/min(sales) as growth
from
    demo.sale_table
where
    year_num = 2019
```

解题思路如下。

我们要查询 2019 年的月销售额最高涨幅，首先需要通过 where 把 2019 年的每月销售额筛选出来，然后在 2019 年的月销售额中寻找最大和最小的销售额，对两者做差并进行相应计算，就是我们想要的结果，最后运行结果如下表所示。

max_sales	min_sales	cha	growth
4772	1336	3436	2.5719

15.9 查询每个季度绩效得分大于 70 分的员工

现在有一张每季度员工绩效得分表 score_info_table，这张表记录了每位员工每个季度的绩效得分，现在我们想要通过这张表查询每个季度绩效得分都大于 70 分的员工。

score_info_table 表如下所示。

id	name	quarter	score
1	王小凤	第一季度	88
2	张文华	第一季度	70
3	徐雨秋	第一季度	92
1	王小凤	第二季度	55
2	张文华	第二季度	77
3	徐雨秋	第二季度	77
1	王小凤	第三季度	72
2	张文华	第三季度	91
3	徐雨秋	第三季度	93

读者先自己思考一下代码怎么写，然后参考如下代码：

```
select
    id
    ,name
,min(score)
 from
    demo.score_info_table
 group by
    id
    ,name
 having
    min(score) > 70
```

解题思路如下。

我们要查询的是每个季度绩效得分都大于 70 分的员工，只要能够保证每个季度每位员工的最小绩效得分是大于 70 分的，就可以说明这位员工的每个季度绩效得分都大于 70 分。所以第一步需要查询每位员工的最小绩效得分，先对 id 列和 name 列进行 group by 分组，然后在组内求最小值，接着将最小绩效得分大于 70 分的员工通过 having 筛选出来即可，最后运行结果如下表所示。

id	name	min(score)
3	徐雨秋	77

15.10 删除重复值

现在有一张员工信息表 stu_info_table，这张表包含 id、name（姓名）、t_1（一级部门）和 t_2（二级部门）四个字段，现在我们想获取该公司一级部门及二级部门的信息，即哪些一级部门下包含哪些二级部门，该如何获取？

stu_info_table 表如下所示。

id	name	t_1	t_2
1	王小凤	产品技术部	B 端产品
2	刘诗迪	产品技术部	C 端产品

id	name	t_1	t_2
3	李思雨	产品技术部	B 端产品
4	张文华	销售运营部	销售管理
5	张青云	销售运营部	数据分析
6	徐文杰	销售运营部	销售管理
7	李智瑞	产品技术部	B 端产品
8	徐雨秋	销售运营部	销售管理
9	孙皓然	产品技术部	B 端产品

读者先自己思考一下代码怎么写，然后参考如下代码：

```sql
select
    t_1
    ,t_2
from
    demo.stu_info_table
group by
    t_1
    ,t_2
order by
    t_1
```

解题思路如下。

stu_info_table 表中的 id 列是主键，是不重复的，但是 t_1 列和 t_2 列是重复的，多个 id 列会属于同一个 t_1 列和 t_2 列。而我们只要 t_1 列和 t_2 列的信息，所以需要对这两列进行删除重复值操作，删除重复值的操作除了可以用 distinct，还可以用 group by，最后运行结果如下表所示。

t_1	t_2
产品技术部	B 端产品
产品技术部	C 端产品
销售运营部	数据分析
销售运营部	销售管理

15.11 行列互换

row_col_table 表如下所示，这张表中每年每月的销量是一行数据。

year_num	month_num	sales
2019	1	100
2019	2	200
2019	3	300
2019	4	400
2020	1	200
2020	2	400

续表

year_num	month_num	sales
2020	3	600
2020	4	800

我们需要把如上表所示的纵向存储数据的方式改成如下表所示的横向存储数据的方式。

year_num	m1	m2	m3	m4
2019	100	200	300	400
2020	200	400	600	800

读者先自己思考一下代码怎么写，然后参考如下代码：

```sql
select
    year_num
    ,sum(case when month_num = 1 then sales end) as m1
    ,sum(case when month_num = 2 then sales end) as m2
    ,sum(case when month_num = 3 then sales end) as m3
    ,sum(case when month_num = 4 then sales end) as m4
from
    demo.row_col_table
group by
    year_num
```

解题思路如下。

我们要把纵向数据表转换成横向数据表，首先要把多行的年数据转化为一年是一行，可以通过 group by 实现，group by 一般需要与聚合函数一起使用，现在不需要对所有数据进行聚合，所以我们通过 case when 来对指定月份的数据进行聚合。

15.12 多列比较

现在 col_table 表中有 col_1、col_2、col_3 三列数据，我们需要根据这三列数据生成一列结果列，结果列的生成规则为：如果 col_1 列大于 col_2 列，则结果为 col_1 列的数据；如果 col_2 列大于 col_3 列，则结果为 col_3 列的数据，否则结果为 col_2 列的数据。

col_table 表如下所示。

col_1	col_2	col_3
5	10	7
1	10	6
9	3	5
5	2	9
10	4	3
5	2	9

续表

col_1	col_2	col_3
5	8	6
8	8	6

读者先自己思考一下代码怎么写，然后参考如下代码：

```
select
    col_1
    ,col_2
    ,col_3
    ,(case when col_1 > col_2 then col_1
        when col_2 > col_3 then col_3
     else col_2
     end) as all_result
from
    demo.col_table
```

解题思路如下。

多列比较其实就是一个多重判断的过程，借助 case when 即可实现，先判断 col_1 列和 col_2 列的关系，然后判断 col_2 列和 col_3 列的关系。这里需要注意的是，判断的执行顺序是先执行第一行 case when，然后执行第二行 case when，最后运行结果如下表所示。

col_1	col_2	col_3	all_result
5	10	7	7
1	10	6	6
9	3	5	9
5	2	9	5
10	4	3	10
5	2	9	5
5	8	6	6
8	8	6	6

15.13　对成绩进行分组

现在有一张某科目的学生成绩表 subject_table，这张表包含 id、score（成绩）两个字段，我们想知道 60 分以下（不包含 60 分）、60～80 分（不包含 80 分）、80～100 分三个成绩段内分别有多少个学生，该怎么实现呢？

subject_table 表如下所示。

id	score
1	56
2	91
3	67

续表

id	score
4	54
5	56
6	69
7	61
8	83
9	99

读者先自己思考一下代码怎么写，然后参考如下代码：

```
select
    (case
        when score < 60 then "60分以下(不包含60分)"
        when score < 80 then "60~80分(不包含80分)"
        when score < 100 then "80~100分"
    else "其他"
    end) as score_bin
    ,count(id) as stu_cnt
from
    demo.subject_table
group by
    (case
        when score < 60 then "60分以下(不包含60分)"
        when score < 80 then "60~80分(不包含80分)"
        when score < 100 then "80~100分"
    else "其他"
    end)
```

解题思路如下。

我们现在想知道每个成绩段内的学生数，需要做的第一件事就是对成绩进行分段，利用的是 case when，完成成绩分段以后再对分段结果进行 group by，接着在组内计数获得每个成绩段内的学生数，最后运行结果如下表所示。

score_bin	stu_cnt
60分以下(不包含60分)	3
60~80分(不包含80分)	3
80~100分	3

15.14　周累计数据获取

现在有一张订单明细表 order_table，这张表包含 order_id（订单 ID）、order_date（订单日期）两个字段，现在每天需要获取本周累计的订单数，本周累计是指本周一到获取数据当天，比如，今天是周三，那么本周累计就是周一到周三，该怎么实现呢？

order_table 表如下所示。

order_id	order_date
1	2019-01-08
2	2019-01-09
3	2019-01-10
4	2019-01-11
5	2020-01-08
6	2020-01-09
7	2020-01-10
8	2020-01-11
9	2020-01-12

读者先自己思考一下代码怎么写，然后参考如下代码：

```
select
    curdate()
    ,count(order_id) as order_cnt
from
    demo.order_table
where
    weekofyear(order_date) = weekofyear(curdate())
    and year(order_date) = year(curdate())
```

解题思路如下。

我们要获取本周累计的订单数，只需要把本周的订单明细筛选出来，然后对订单 ID 进行计数即可。如何把本周的订单明细筛选出来呢？让订单日期所属的周与程序运行当日所属的周是同一周，且所属的年是同一年。后面这个条件一定要注意，因为周数在不同年份是会重复的，但是在同一年内是不重复的。比如，2019 年有一个 52 周，2020 年也会有，但是不会在一年中出现两个 52 周。最后运行结果如下表所示。

curdate()	order_cnt
2020-01-12	5

15.15　周环比数据获取

我们现在需要根据上一节中的订单明细表 order_table，获取当日的订单数和当日的环比订单数（即昨日的数据）。

读者先自己思考一下代码怎么写，然后参考如下代码：

```
select
    count(order_id) as order_cnt
    ,count(if(date_sub(curdate(),interval 1 day) = order_date,order_id,
null)) last_order_cnt
from
    demo.order_table
```

解题思路如下。

当日的订单数比较好获取，主要需要思考的是当日的环比订单数如何获取，当订单日期等于当日日期向前偏移 1 日的日期时，对 order_id 进行计数就是昨日的订单数。这里需要注意的是，当 if 条件不满足时，结果应为 null，而不能是其他值，因为 count(null)=0，而 count()函数的括号中若为其他内容则结果不一定是 0，比如，count(0)的结果就不一定是 0。最后运行结果如下表所示。

order_cnt	last_order_cnt
9	1

15.16 查询获奖员工信息

现在有一张员工信息表 table1，这张表包含 id、name 两个字段；还有另一张获奖名单表 table2，这张表包含获奖员工的 id 和 name 两个字段。现在我们想通过 table1 表获取获奖员工的更多信息。

table1 表如下所示。

id	name
1	王小凤
2	刘诗迪
3	李思雨
4	张文华
5	张青云
6	徐文杰
7	李智瑞
8	徐雨秋
9	孙皓然

table2 表如下所示。

id	name
1	王小凤
2	刘诗迪
3	李思雨
7	李智瑞
8	徐雨秋
9	孙皓然

读者先自己思考一下代码怎么写，然后参考如下代码：

```
select
    table1.*
from
    demo.table1
```

```
left join
    demo.table2
    on table1.id = table2.id
where
    table2.id is not null
```

解题思路如下。

已知 table1 表中存储了全部员工的 id 和姓名,我们用 table1 表去左连接 table2 表,如果该员工有获奖,就会在 table2 表中找到,反之则找不到。所以我们就可以利用 table2 表的 id 列是否为 null 来判断该员工有没有获奖,进而把我们想要的信息通过 where 筛选出来,最后运行结果如下表所示。

id	name
1	王小凤
2	刘诗迪
3	李思雨
7	李智瑞
8	徐雨秋
9	孙皓然

15.17 计算用户留存情况

现在有一张用户登录表 user_login,这张表记录了每个用户每次登录的时间,包含 uid(用户 ID)、login_time(登录时间)两个字段。我们想看用户的次日留存数、三日留存数、七日留存数(只要用户首次登录以后再登录就算留存下来了),该怎么实现呢?

user_login 表如下所示。

uid	login_time
1	2019-01-01 6:00
1	2019-01-02 10:00
1	2019-01-04 19:00
2	2019-01-02 10:00
2	2019-01-03 9:00
2	2019-01-09 14:00
3	2019-01-03 8:00
3	2019-01-04 10:00

读者先自己思考一下代码怎么写,然后参考如下代码:

```
select
    (case when t3.day_value = 1 then "次日留存"
        when t3.day_value = 3 then "三日留存"
        when t3.day_value = 7 then "七日留存"
```

```
    else "其他"
    end) as type
    ,count(t3.uid) uid_cnt
from
    (select
        t1.uid
        ,t1.first_time
        ,t2.last_time
        ,datediff(t2.last_time,t1.first_time) day_value
    from
        (select
            uid
            ,date(min(login_time)) as first_time
        from
            demo.user_login
        group by
            uid)t1
    left join
        (select
            uid
            ,date(max(login_time)) as last_time
        from
            demo.user_login
        group by
            uid)t2
    on t1.uid = t2.uid)t3
group by
        (case when t3.day_value = 1 then "次日留存"
            when t3.day_value = 3 then "三日留存"
            when t3.day_value = 7 then "七日留存"
        else "其他"
        end)
```

解题思路如下。

用户从首次登录到统计当日依然有登录就算该用户留存下来了，不同时长的留存表示不同时长以后仍会再次登录，比如，三日留存表示用户自首次登录以后第三天也会进行登录。我们现在要计算不同留存时长的用户数，首先需要计算不同用户的留存时长，将该用户的最后一次登录时间与首次登录时间做差就是该用户的留存时长，然后对留存时长进行分组聚合就得到了我们想要的不同留存时长的用户数，最后运行结果如下表所示。

type	uid_cnt
三日留存	1
七日留存	1
次日留存	1

15.18 筛选最受欢迎的课程

现在有一张学生科目表 course_table，这张表存储了 id、name（姓名）、grade（年级）和 course（选修课程）四个字段，现在我们想知道最受欢迎的课程是哪一门。

course_table 表如下所示。

id	name	grade	course
1	王小凤	一年级	心理学
2	刘诗迪	二年级	心理学
3	李思雨	三年级	社会学
4	张文华	一年级	心理学
5	张青云	二年级	心理学
6	徐文杰	三年级	计算机
7	李智瑞	一年级	心理学
8	徐雨秋	二年级	计算机
9	孙皓然	三年级	社会学
10	李春山	一年级	社会学

读者先自己思考一下代码怎么写，然后参考如下代码：

```sql
select
    course
    ,count(id) as stu_num
from
    demo.course_table
group by
    course
order by
    count(id) desc
limit 1
```

解题思路如下。

我们要获取最受欢迎的课程，首先需要对课程进行分组，使用的是 group by；然后对组内人数进行计数，即选择该课程的人数，使用的是 count；接着对课程人数进行降序排列，使用的是 order by；最后把排在第一名的课程筛选出来，就是最受欢迎的课程，运行结果如下表所示。

course	stu_num
心理学	5

读者想一下上面这种思路是否有问题呢？当多门课程的选择人数一样多的时候，上面这种思路得出来的结果是否正确呢？显然是不正确的。

当多门课程的选择人数一样多时，该如何处理？读者可以自己先思考一下，然后参考如下代码：

```
select
    course
    ,count(id) as stu_num
from
    demo.course_table
group by
    course
having
    count(id) = (select
                    max(stu_num)
                from
                    (select
                        course
                        ,count(id) as stu_num
                    from
                        demo.course_table
                    group by
                        course
                    )a
                )
```

解题思路如下。

如果存在选择人数一样多的课程，我们要把这些课程全部筛选出来。首先我们还是需要把每门课程以及选择的人数获取到，获取思路与第一种思路是一样的，也是针对课程进行分组，然后针对组内的人数进行计数，不同点在于最多人数的获取上。第一种思路默认选择人数最多的课程只有一门，而第二种思路假设选择人数最多的课程有多门时，也就是我们常说的并列第一或第二，我们就需要把选择人数最多的对应的最值算出来，这里利用子查询来生成，最后利用 having 对分组后的结果进行筛选，从而得到最受欢迎的课程。

15.19　筛选出每个年级最受欢迎的三门课程

本节使用的是 15.18 节的学生科目表 course_table，现在我们想知道每个年级最受欢迎的三门课程，该怎么实现呢？

读者先自己思考一下代码怎么写，然后参考如下代码：

```
select
    *
from
    (select
        grade
        ,course
        ,stu_num
        ,row_number() over(partition by grade order by stu_num desc) as
course_rank
```

```
from
    (select
        grade
        ,course
        ,count(id) as stu_num
    from
        demo.course_table
    group by
        grade
        ,course
    )a
)b
where
    b.course_rank < 4
```

解题思路如下。

这是典型的获取组内排名的问题，上一节中获取的是报名人数最多的课程，只需要把每门课程的报名人数获取到，然后把最多的取出来就是我们想要的。但是现在这个问题不仅要获取最多的，还要获取第二名、第三名的。而且还是每个年级内的第一名、第二名、第三名。对于这个问题，我们可以利用窗口函数来实现，先生成每门课程的报名人数，然后利用 row_number() 函数生成每个年级内每门课程的排序结果，最后通过排序结果筛选出我们需要的数据，运行结果如下表所示。

grade	course	stu_num	course_rank
一年级	心理学	3	1
一年级	社会学	1	2
三年级	社会学	2	1
三年级	计算机	1	2
二年级	心理学	2	1
二年级	计算机	1	2

当然，这里可以通过 where 筛选任意排名的课程。比如，如果要筛选排名第 5～8 的课程，只需要将 where 后面改为 b.course_rank between 5 and 8 即可。

15.20 求累积和

现在有一张 2019 年一整年的订单表 consum_order_table，这张表包含 order_id（订单 ID）、uid（用户 ID）和 amount（订单金额）三个字段，现在我们想看下 80% 的订单金额最少是由多少用户贡献的，该怎么实现呢？

consum_order_table 表如下所示。

order_id	uid	amount
201901	1	10
201902	2	20

续表

order_id	uid	amount
201903	3	15
201904	3	15
201905	4	20
201906	4	20
201907	5	25
201908	5	25
201909	6	30
201910	6	30
201911	7	35
201912	7	35

读者先自己思考一下代码怎么写，然后参考如下代码：

```
select
    count(uid)
from
    (select
        uid
        ,amount
        ,sum(amount) over(order by amount desc) as consum_amount
        ,(sum(amount) over(order by amount desc))
        /(select sum(amount) from demo.consum_order_table) as consum_
amount_rate
    from
        (select
            uid
            ,sum(amount) amount
        from
            demo.consum_order_table
        group by
            uid
        )
    uid_table)t
where
    t.consum_amount_rate < 0.8
```

解题思路如下。

因为现在只有一张订单明细表，所以我们需要先生成一张用户维度的订单金额表，然后在这张用户维度的订单金额表的基础上进行累积和运算，累积和可以通过窗口函数来实现，这样就可以得到用户维度的累积订单金额，在生成累积和的时候需要按照订单金额进行降序排列，这样就可以得到最少的人数，最后利用子查询获取到全部的订单金额，用累积订单金额除以全部订单金额，就可以得到累积的订单金额贡献情况，运行结果如下表所示。

count(uid)
4

15.21　获取新增用户数

现在有一张用户表 user_reg_table，这张表包含 uid（用户 ID）、reg_time（注册时间）两个字段，我们想获取某一天的新增用户数，以及该天对应的过去 7 天内每天的平均新增用户数，该怎么实现呢？

user_reg_table 表如下所示。

uid	reg_time
1	2019-12-25 10:00:00
2	2019-12-26 10:00:00
3	2019-12-27 10:00:00
4	2019-12-28 10:00:00
5	2019-12-29 10:00:00
6	2019-12-30 10:00:00
7	2019-12-31 10:00:00
8	2020-01-01 10:00:00
9	2020-01-02 10:00:00
10	2020-01-03 10:00:00
11	2020-01-04 10:00:00

读者先自己思考一下代码怎么写，然后参考如下代码：

```
set @day_date = "2020-01-01";

select
    count(if(date(reg_time) = @day_date,uid,null)) as new_cnt
    ,count(uid)/7 as 7_avg_cnt
from
    demo.user_reg_table
where
    date(reg_time) between date_sub(@day_date,interval 6 day) and
@day_date
```

解题思路如下。

我们想要获取某一天的新增用户数，这个某一天是一个可变的值，所以我们想到了变量，通过设置变量来满足日期的变化；其次我们还需要获取过去 7 天内每天的平均新增用户数，在变量的基础上减去 6 天即可，这里需要注意的是，between 用来筛选介于过去 7 天和今天之间的用户数，而不能直接使用大于 7 天前的日期这个条件，因为大于 7 天前的日期很可能包括你设置的变量后面的日期，最后运行结果如下表所示。

new_cnt	7_avg_cnt
1	1

15.22 获取用户首次购买时间

现在有一张 first_order_table 表，这张表包含 order_id（订单 ID）、uid（用户 ID）和 order_time（订单时间）三个字段，我们想获取每个用户的首次购买时间，以及首次购买时间是否在最近 7 天内，该怎么实现呢？

first_order_table 表如下所示。

order_id	uid	order_time
201901	1	2020-01-01 10:00:00
201902	2	2020-01-02 10:00:00
201903	3	2020-01-03 10:00:00
201904	1	2020-01-04 10:00:00
201905	2	2020-01-05 10:00:00
201906	3	2020-01-06 10:00:00
201907	1	2020-01-07 10:00:00
201908	2	2020-01-08 10:00:00
201909	3	2020-01-09 10:00:00
201910	1	2020-01-10 10:00:00
201911	2	2020-01-11 10:00:00

读者先自己思考一下代码怎么写，然后参考如下代码：

```
select
    t1.uid
    ,t1.first_time
    ,(date(t1.first_time) > date_sub(curdate(),interval 6 day)) is_7_day
from
    (select
        uid
        ,min(order_time) first_time
    from
        demo.first_order_table
    group by
        uid
    )t1
```

解题思路如下。

这里需要解决两件事情：第一件事是获取每个用户的首次购买时间，其实就是最小时间；第二件事情是将最小时间和最近 7 天进行比较，得出首次购买时间是否在最近 7 天内。最后运行结果如下表所示。

uid	first_time	is_7_day
1	2020-01-01 10:00:00	0
2	2020-01-02 10:00:00	0
3	2020-01-03 10:00:00	0

15.23 同时获取用户和订单数据

本节使用的是 15.21 节的用户表 user_reg_table 和 15.22 节的 first_order_table 表，现在我们想获取过去 7 天每天的新增用户数、订单数、下单用户数，该怎么实现呢？

读者先自己思考一下代码怎么写，然后参考如下代码：

```
set @day_date = "2020-01-04";
select
    t1.tdate
    ,t1.new_cnt
    ,t2.order_cnt
    ,t2.uid_cnt
from
    (
    select
        date(reg_time) tdate
        ,count(uid) new_cnt
    from
        demo.user_reg_table
    where
        date(reg_time) between date_sub(@day_date,interval 6 day) and
@day_date
    group by
        date(reg_time)
    )t1
left join
    (
    select
        date(order_time) tdate
        ,count(order_id) order_cnt
        ,count(distinct uid) uid_cnt
    from
        demo.first_order_table
    where
        date(order_time) between date_sub(@day_date,interval 6 day) and
@day_date
    group by
        date(order_time)
    )t2
on t1.tdate = t2.tdate
```

解题思路如下。

新增用户和订单数据存储在两张不同的表中，所以我们可以先分别获取过去 7 天每天的新增用户数、订单数和下单用户数，然后根据日期把两张表连接在一起，最后运行结果如下表所示。

tdate	new_cnt	order_cnt	uid_cnt
2019-12-29	1	null	null
2019-12-30	1	null	null
2019-12-31	1	null	null
2020-01-01	1	1	1
2020-01-02	1	1	1
2020-01-03	1	1	1
2020-01-04	1	1	1

15.24　随机抽样

本节使用的是 15.21 节的用户表 user_reg_table 和 15.22 节的 first_order_table 表，现在我们想从用户表中随机抽取 5 个用户，并获取这 5 个用户的历史购买订单数，该怎么实现呢？

读者先自己思考一下代码怎么写，然后参考如下代码：

```
select
    user_table.uid
    ,t.order_cnt
from
    demo.user_reg_table user_table
left join
    (
    select
        uid
        ,count(order_id) as order_cnt
    from
        demo.first_order_table
    group by
        uid
    )t
on user_table.uid = t.uid
order by rand()
limit 5
```

解题思路如下。

我们要随机抽取 5 个用户并获取他们的历史购买订单数，首先需要生成每个用户的历史购买订单数，然后从中随机抽取 5 个。具体的思路为利用 rand() 函数生成随机数，然后利用 order by 进行排序，最后利用 limit 将前 5 条数据显示出来，运行结果如下表所示。

uid	order_cnt
9	null
3	3
8	null

uid	order_cnt
5	null
11	null

15.25　获取沉默用户数

本节使用的是 15.21 节的用户表 user_reg_table 和 15.22 节的 first_order_table 表，现在我们想获取沉默用户的数量，沉默的定义是已注册但最近 30 天内没有购买记录的用户，该怎么实现呢？

读者先自己思考一下代码怎么写，然后参考如下代码：

```
select
    count(user_table.uid) chenmo_cnt
from
    demo.user_reg_table user_table
left join
    (
    select
        uid
    from
        demo.first_order_table
    where
        date(order_time) < date_sub(curdate(),interval 29 day)
    group by
        uid
    )t
on user_table.uid = t.uid
where
    t.uid is null
```

解题思路如下。

我们要获取已注册但最近 30 天内没有购买记录的用户，可以先把最近 30 天内有购买记录的用户提取出来，然后用用户表 user_reg_table 中的 uid 去连接最近 30 天有购买记录的用户，如果不能连接到，即连接结果为 null，就表示这部分用户最近 30 天内没有购买记录，把 null 的部分取出来，对 uid 进行计数即可。最后运行结果为 14，因为我们用的是 curdate()函数，所以在不同时间运行，得到的结果是不一样的。

15.26　获取新用户的订单数

本节使用的是 15.21 节的用户表 user_reg_table 和 15.22 节的 first_order_table 表，现在我们想获取最近 7 天注册的新用户在最近 7 天内的订单数是多少，该怎么实现呢？

读者先自己思考一下代码怎么写，然后参考如下代码：

```
select
    sum(t2.order_cnt)
from
    (
    select
        uid
    from
        demo.user_reg_table
    where
        date(reg_time) < date_sub(curdate(),interval 6 day)
    )t1
left join
    (
    select
        uid
        ,count(order_id) order_cnt
    from
        demo.first_order_table
    where
        date(order_time) < date_sub(curdate(),interval 6 day)
    group by
        uid
    )t2
on t1.uid = t2.uid
```

解题思路如下。

我们要获取最近 7 天注册的新用户在最近 7 天内的订单数，首先获取最近 7 天新注册的用户，生成新用户表，然后获取每个用户在最近 7 天内的订单数，生成订单表，最后将两张表进行连接，且以新用户表为主表，进行左连接。最后运行结果为 14，在不同时间运行，得到的结果是不一样的。

15.27　获取借款到期名单

现在有一张借款表 loan_table，这张表包含 id、loan_time（借款时间）、expire_time（到期时间）、reback_time（还款时间）、amount（金额）和 status（还款状态，1 表示已还款、0 表示未还款）六个字段，我们想获取每天到期的借款笔数、借款金额和平均借款天数，该怎么实现呢？

loan_table 表如下所示。

id	loan_time	expire_time	reback_time	amount	status
1	2019-12-01	2019-12-31		2208	0
2	2019-12-01	2019-12-31	2019-12-31	5283	1
3	2019-12-05	2020-01-04		5397	0
4	2019-12-05	2020-01-04		4506	0
5	2019-12-10	2020-01-09		3244	0

续表

id	loan_time	expire_time	reback_time	amount	status
6	2019-12-10	2020-01-09	2020-01-12	4541	1
7	2020-01-01	2020-01-31	2020-01-10	3580	1
8	2020-01-01	2020-01-31		7045	0
9	2020-01-05	2020-02-04		2067	0
10	2020-01-05	2020-02-04		7225	0

读者先自己思考一下代码怎么写，然后参考如下代码：

```
select
    count(id) as loan_cnt
    ,sum(amount) as loan_amount
    ,avg(datediff(reback_time,loan_time)) avg_day
from
    demo.loan_table
where
    expire_time = curdate()
```

解题思路如下。

我们要获取每天到期的借款数据，首先筛选到期时间等于当天的数据，筛选出的结果就是当天到期的借款数据，然后对 id 列进行计数得到到期借款笔数，对 amount 列进行求和得到到期借款金额，对还款时间和借款时间做差取平均值得到平均借款天数，注意这里是对还款时间和借款时间做差，而非对到期时间和借款时间做差，因为有可能用户提前还款或逾期。最后运行结果为空，表示今天没有到期的借款。

15.28　获取即将到期的借款信息

本节使用的是 15.27 节的借款表 loan_table，现在我们想知道有多少笔借款会在未来 7 天内到期，以及其中有多少笔是已经还款的，该怎么实现呢？

读者先自己思考一下代码怎么写，然后参考如下代码：

```
select
    count(id) as loan_cnt
    ,count(if(status = 1,id,null)) as reback_cnt
from
    demo.loan_table
where
    expire_time between curdate() and date_sub(curdate(),interval 6 day)
```

解题思路如下。

我们要获取未来 7 天内到期的借款笔数和其中已经还款的笔数，首先把最近 7 天内到期的数据筛选出来，然后通过还款状态（status）进行判断，接着获取已经还款的笔数，最后运行结果为空。

15.29　获取历史逾期借款信息

本节使用的是 15.27 节的借款表 loan_table，现在我们想知道历史逾期的借款笔数和金额，以及至今还逾期的借款笔数和金额，该怎么实现呢？

读者先自己思考一下代码怎么写，然后参考如下代码：

```
select
    count(id) as loan_cnt
    ,sum(amount) as loan_amount
    ,count(if(status = 0,id,null)) as no_reback_cnt
    ,sum(if(status = 0,amount,0)) as no_reback_amount
from
    demo.loan_table
where
    (reback_time > expire_time)
    or (reback_time is null and expire_time < curdate())
```

解题思路如下。

这里面的关键信息在于，逾期怎么判断，对到期时间和还款时间进行比较，如果是逾期且现在已经还款的，可以直接比较到期时间和还款时间，如果还款时间大于到期时间，则说明是逾期的；还有一种是逾期且至今还未还款的，这种情况是没有还款时间的，也就是还款时间为空，但是到期时间是在今天之前，说明已经到期但是未还款。最后运行结果如下表所示。

loan_cnt	loan_amount	no_reback_cnt	no_reback_amount
5	19896	4	15355

15.30　综合实战

本节是最后一道实战题，给读者还原一下我们在前面梳理数据库逻辑的时候遇到的情况。假如你现在刚入职一家新的电商公司，你需要编写一段 SQL 代码把电商整个漏斗转化环节的数据全部取出来，包括当日总浏览量、浏览人数、加购物车数、加购物车人数、订单数、下单人数、确认收货订单数，该怎么实现呢？已知有如下几张表。

browse_log_table（浏览记录表）：id（浏览 ID）、productid（商品 ID）、uid（用户 ID）、channel（渠道）、browse_time（浏览时间）……

cart_table（购物车详情表）：id（购物车 ID）、browse_id（浏览 ID）、cart_time（加购物车时间）……

order_table（订单详情表）：id（订单 ID）、cart_id（购物车 ID）、order_time（订单时间）、amount（订单金额）……

take_table（收货详情表）：orderid（订单 ID）、take_time（确认收货时间）……

参考代码如下：

```
select
    count(browse_log_table.id) as browse_cnt
    ,count(distinct browse_log_table.uid) as browse_uid_cnt
    ,count(cart_table.id) as cart_cnt
    ,count(distinct if(cart_table.id is not null,browse_log_table.uid,
null)) as cart_uid_cnt
    ,count(order_table.id) as order_cnt
    ,count(distinct if(order_table.id is not null,browse_log_table.uid,
null)) as order_uid_cnt
    ,count(take_table.id) as take_cnt
    ,count(distinct if(take_table.id is not null,browse_log_table.uid,
null)) as take_uid_cnt
from
    browse_log_table
left join
    cart_table
on browse_log_table.id = cart_table.browse_id
left join
    order_table
on cart_table.id = order_table.cart_id
left join
    take_table
on order_table.id = take_table.order_id
where
    browse_log_table.browse_time = curdate()
```

第 16 章

SQL 中常见的报错

16.1 DBeaver 相关报错

16.1.1 时区错误

如果读者在打开 DBeaver 的时候遇到如下所示的错误提示,则是系统没有自动检测到正确的时区导致的,因为服务器默认时区是自动检测的。

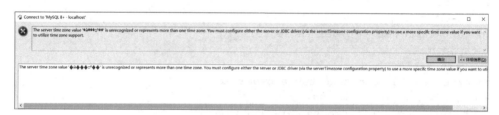

在已经建立的 localhost 连接处右击,然后在弹出的快捷菜单中选择"编辑连接"命令。

将"服务器时区"从默认的自动检测修改为"GMT"即可。

16.1.2 Public Key Retrieval

读者在使用 DBeaver 的过程中可能会遇到如下所示的错误提示。

同样在已经建立的 localhost 连接处右击，然后在弹出的快捷菜单中选择"编辑连接"命令，接着选择"驱动属性"选项卡，最后将"allowPublicKeyRetrieval"的值从"FALSE"改为"TRUE"即可。

16.1.3 connect error

如果读者在使用 DBeaver 的过程中遇到了如下所示的错误提示，则说明本地的 MySQL 服务没有启动，只需要启动即可。

启动本地 MySQL 服务的步骤如下。

首先双击"此电脑"，然后单击下图中的"管理"按钮。

双击下图中的"服务"。

在右边的窗格中出现计算机中的所有服务，使用鼠标下拉滚动条，找到对应的 MySQL 服务，然后启动此服务。再次重启 DBeaver，即可正常使用。

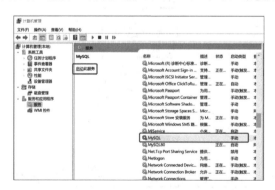

16.1.4　加密方式错误

如果读者在打开 DBeaver 的过程中出现如下所示的错误提示，则说明目前 MySQL 的密码加密方式存在问题，只需要修改密码加密方式即可。

MySQL 5.x 默认使用的密码加密方式是 mysqlnativepassword，MySQL 8.x 默认使用的密码加密方式是 cachingsha2password。

单击"MySQL 8.0 Command Line Client"打开命令行窗口。

输入密码，然后输入如下图所示的矩形框中的代码，按回车键，其中，"xxxxxx"是读者在安装 MySQL 的时候设置的密码。

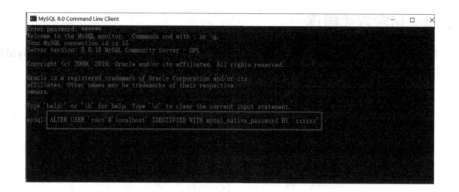

16.2　MySQL 配置相关报错

16.2.1　MySQL 安装失败

如果读者在安装 MySQL 的过程中遇到了如下问题，则说明目前计算机中缺少对应 MySQL 专用的 Visual Studio，下载对应的版本即可。

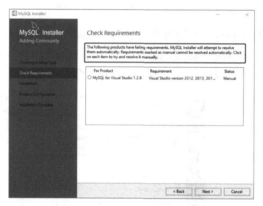

Visual Studio 安装步骤如下。

Step1：进入微软官方网站（https://visualstudio.microsoft.com/zh-hans/），选择"下载"。

Step2：单击"Community"版本下的"免费下载"按钮，然后弹出下载框，等待安装包下载完成。

Step3：双击安装包打开以后将出现如下界面，单击右下角的"安装"按钮。

Step4：单击"继续"按钮。

Step5：等待安装完成。

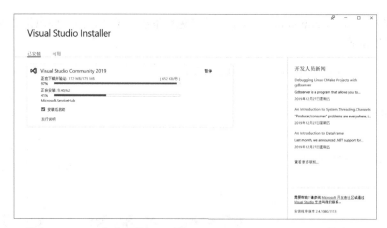

Step6：进入 MySQL 官方网站，下载 mysql-for-visualstudio，单击"17.1M"对应的"Download"按钮。

Step7：安装包下载完成后，双击打开，单击"Next"按钮。

Step8：选择"Typical"模式。

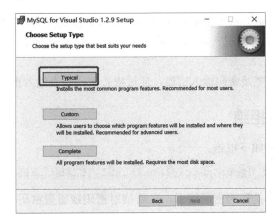

Step9：单击右侧的"Add"按钮。

Step10：将"MySQL Server 8.0.18-X64"选中，然后单击向右的箭头，并单击"Next"按钮，接下来就和安装 MySQL 的步骤一样了。

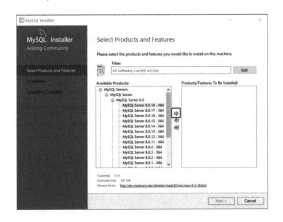

16.2.2 MySQL 客户端闪退

MySQL Command Line Client 是用来与数据库进行交互的客户端,读者打开以后可能会遇到闪退,这种情况一般都是因为 MySQL 服务未启动,启动方法可以参考 16.1.3 节的内容。

还有一种原因可能是密码输入错误,通过检查密码是否输入正确来判断问题所在。

16.2.3 访问被拒绝

读者可能会遇到如下报错:

```
Access denied for user:'roota@localhost' (Using password: YES)
```

上述报错一般都是因为密码错误,重新核对密码或重置密码即可。

16.3 语法相关报错

16.3.1 表名错误

如果数据库中没有某张表,或者程序员在编写代码的时候把表名写错了,都会导致程序找不到这张表,最后报错:Table 'xxx' doesn't exist。如果遇到这个报错,检查 "xxx" 表名是否书写正确,然后检查数据库中是否有这张表。

16.3.2 列名错误

如果某张表中不存在某个字段,或者程序员把字段名写错了,都会导致程序找不到这个字段,最后报错:Unknown column 'xx' in 'field list'。如果遇到这个报错,检查 "xx" 列名是否书写正确,然后检查这张表中是否有这个字段。

16.3.3 group by 错误

如果读者遇到如下报错:Expression not in group by key 'xxx'。可能是 select 语句中的 "xxx" 字段没有在 group by 子句中出现导致的。如果有 group by 语句,则 select 后面的字段要么在 group by 中出现,要么在聚合函数中出现。示例如下代码:

```
select
    col1
    ,sum(col2)
from
    table
```

```
select
    col1
```

```
    ,col2
    ,sum(col3)
from
    table
group by
    col1
```

上面两段代码都可能会报"xxx"字段没有在 group by 中的错误,为什么是可能呢?因为 MySQL 8.0 以上版本是不会报错的,默认只展示第一个值。但是其他版本的数据库会报错。

读者尤其需要注意第二段代码的书写方式,当 select 中有多列时,经常会在 group by 后面漏写某个字段,导致报错。

16.3.4　权限错误

在公司中我们要查询某数据时,首先需要申请权限。如果读者没有对某个字段或某张表的查询权限时,通常会报类似于 You have no privilege xxx 的错误,不同公司的报错提醒可能不太一样,读者只需要注意 no privilege 即可。

16.3.5　逗号错误

select 后面的多个字段之间要用逗号分隔开,且只能有一个。最后一个字段与 from 之间不可以有逗号。有时候要么会多写逗号,要么会漏写,都会导致程序报错。读者只需要根据程序报错的位置仔细检查即可。示例代码如下:

```
select
    col1,
    col2,
    col3,
from
    table
```

上面的代码是最后一个字段和 from 之间有逗号,会导致程序报错。

```
select
    col1,
    col2,,
    col3
from
    table
```

上面的代码是 col2 字段后面有两个逗号,也会导致程序报错。

```
select
    col1,
    col2
    col3
```

```
from
    table
```

上面的代码是 col2 字段与 col3 字段之间没有使用逗号分隔，也会导致程序报错。

当字段与字段之间的逗号放在字段之后时，很容易被我们忽视，忽视就会导致程序报错。这就是建议读者把字段与字段之间的逗号放在字段前，而不是放在字段后的原因。

16.3.6 括号错误

代码中的括号都是成对出现的，括号没有成对出现会导致程序报错。如果只有一对括号时是不容易出错的，当有多层括号嵌套时，很容易出现少写一个或多写一个的情况，读者只需要根据报错的位置仔细检查即可。示例代码如下：

```
select
    col1
    ,if(col2<60,"不及格",if(col2<80,"良好","优秀")
from
    table
```

上面代码中的 if 嵌套少一个括号，所以会导致程序报错。

本节列举的是平时常见的一些报错，而不是全部。每个人的计算机文件及计算机设置不同会导致程序报不同的错误，所以报错是无法穷尽的，读者需要培养的解决报错的能力，就是搜索。你遇到的问题，有很大的可能别人也遇到过，且会有一些乐于分享的人把解决方案分享出来。当遇到报错时，直接去网上搜索这个报错即可，总能找到解决方案。